Ovidiu Nemes

Contribution à l'étude des assemblages collés cylindriques et plans

Ovidiu Nemes

Contribution à l'étude des assemblages collés cylindriques et plans

Modélisation des assemblages collés

Presses Académiques Francophones

Impressum / Mentions légales
Bibliografische Information der Deutschen Nationalbibliothek: Die Deutsche Nationalbibliothek verzeichnet diese Publikation in der Deutschen Nationalbibliografie; detaillierte bibliografische Daten sind im Internet über http://dnb.d-nb.de abrufbar.
Alle in diesem Buch genannten Marken und Produktnamen unterliegen warenzeichen-, marken- oder patentrechtlichem Schutz bzw. sind Warenzeichen oder eingetragene Warenzeichen der jeweiligen Inhaber. Die Wiedergabe von Marken, Produktnamen, Gebrauchsnamen, Handelsnamen, Warenbezeichnungen u.s.w. in diesem Werk berechtigt auch ohne besondere Kennzeichnung nicht zu der Annahme, dass solche Namen im Sinne der Warenzeichen- und Markenschutzgesetzgebung als frei zu betrachten wären und daher von jedermann benutzt werden dürften.

Information bibliographique publiée par la Deutsche Nationalbibliothek: La Deutsche Nationalbibliothek inscrit cette publication à la Deutsche Nationalbibliografie; des données bibliographiques détaillées sont disponibles sur internet à l'adresse http://dnb.d-nb.de.
Toutes marques et noms de produits mentionnés dans ce livre demeurent sous la protection des marques, des marques déposées et des brevets, et sont des marques ou des marques déposées de leurs détenteurs respectifs. L'utilisation des marques, noms de produits, noms communs, noms commerciaux, descriptions de produits, etc, même sans qu'ils soient mentionnés de façon particulière dans ce livre ne signifie en aucune façon que ces noms peuvent être utilisés sans restriction à l'égard de la législation pour la protection des marques et des marques déposées et pourraient donc être utilisés par quiconque.

Coverbild / Photo de couverture: www.ingimage.com

Verlag / Editeur:
Presses Académiques Francophones
ist ein Imprint der / est une marque déposée de
OmniScriptum GmbH & Co. KG
Heinrich-Böcking-Str. 6-8, 66121 Saarbrücken, Deutschland / Allemagne
Email: info@presses-academiques.com

Herstellung: siehe letzte Seite /
Impression: voir la dernière page
ISBN: 978-3-8416-2706-3

Copyright / Droit d'auteur © 2013 OmniScriptum GmbH & Co. KG
Alle Rechte vorbehalten. / Tous droits réservés. Saarbrücken 2013

L'homme doit persister dans la croyance que l'incompréhensible est compréhensible sinon, il ne chercherait pas.

J.W. von Goethe (1749 - 1832)

TABLE DES MATIERES

TABLE DES MATIERES 1
RÉSUMÉ 5
ABSTRACT 6
NOTATIONS 7
INTRODUCTION 9
1. INTRODUCTION À L'ÉTUDE DES ASSEMBLAGES COLLÉS 11
   1.1. But du collage 11
   1.2. Analyse d'un joint à double recouvrement 13
   1.3. Analyse des collages cylindriques 16
   1.4. Méthodologie de calcul du collage 19
      1.4.1. La géométrie des joints collés 19
      I.4.2. Le dimensionnement des surfaces collées 20
2. BASE THÉORIQUE POUR L'ANALYSE DU COLLAGE 23
   2.1. Théorèmes généraux. Rappel 23
      2.1.1. Lois de comportement 23
      2.1.2. Équations d'équilibre local 23
      2.1.3. Champs statiquement et cinématiquement admissibles 24
      2.1.4. Énergie de déformation 25
      2.1.5. Théorèmes de l'énergie 26
3. ÉTUDE ANALYTIQUE D'UN ASSEMBLAGE DE TUBES COLLÉS 37
   3.1. Formulation analytique dans le cas $\sigma_{rr}=0$ 37
      3.1.1. Introduction 37
      3.1.2. Définitions géométriques. Hypothèses 37
      3.1.3. Expressions des contraintes dans l'assemblage collé 39
      3.1.4. Calcul de l'énergie de déformation 43
      3.1.5. Étude des assemblages collés. Analyse des résultats 45
      3.1.6. Conclusions partielles 57

3.2. Formulation analytique dans le cas $\sigma_{rr}\neq 0$ 59
   3.2.1. Champ statiquement admissible 59
   3.2.2. Expressions des contraintes dans l'assemblage collé 61
   3.2.3. Calcul de l'énergie de déformation 64
   3.2.4. Étude comparative 66
   3.2.5. Conclusions partielles 70
4. ÉTUDE ANALYTIQUE D'UN JOINT À DOUBLE RECOUVREMENT 71
   4.1. Introduction 71
   4.2. Définitions géométriques. Hypothèses 71
   4.3. Écriture du champ de contraintes dans l'assemblage collé 73
   4.4. Calcul de l'énergie de déformation. Calcul variationnel 76
   4.5. Étude des assemblages collés. Analyse des résultats 78
      4.5.1. Distribution de contraintes 79
      4.5.2. Étude paramétrique 82
      4.5.3. Conclusions partielles 87
5. ANALYSE NUMERIQUE DES ASSEMBLAGES COLLÉS 91
   5.1. Introduction 91
      5.1.1. Principe des méthodes d'éléments finis 91
      5.1.2. Avantages des méthodes d'éléments finis 93
      5.1.3. Aspects économiques 93
   5.2. Modélisation numérique par éléments finis 94
      5.2.1. Maillage et conditions aux limites 94
      5.2.2. Comportement global : Comportement effort-déplacement 100
      5.2.3. Distribution des contraintes 103
6. ANALYSE EXPÉRIMENTALE D'ASSEMBLAGES PLANS À DOUBLE RECOUVREMENT 109
   6.1. Introduction 109
   6.2. Expérimentation 109
      6.2.1. Éprouvettes 109
      6.2.2. Instrumentation 110

    6.3. Analyse des résultats expérimentaux 111
        6.3.1. Comportement mécanique 111
        6.3.2. Faciès de rupture : analyse de la surface de collage 115
    6.4. Modèle numérique : éléments finis 117
    6.5. Comparaison des résultats 119
        6.5.1. Analyse du déplacement maximal 119
        6.5.2. Critère de rupture 121
CONCLUSIONS 123
RÉFÉRENCES BIBLIOGRAPHIQUES 125
ANNEXES 133
    ANNEXE 1 - Résolution de l'équation différentielle 135
    ANNEXE 2 - Coordonnées cylindriques ou semi-polaires 137
    ANNEXE 3 - Calcul variationnel 141
    ANNEXE 4 - Formules de Green 143
    ANNEXE 5 - Configuration des assemblages cylindriques analysés 145
    ANNEXE 6 - Configuration des assemblages plans analysés 147
    ANNEXE 7 - Fabrications de plaques composites T2H132/EH25 149
    ANNEXE 8 - Fabrication des assemblages collés 151
    ANNEXE 9 - Caractérisation de la colle 153
LISTE DES FIGURES 155
LISTE DES TABLEAUX 159

RÉSUMÉ

Le collage est une technique performante d'assemblage qui permet de plus en plus de remplacer ou de compléter les autres méthodes traditionnelles d'assemblage (le soudage, le rivetage ou le boulonnage). Cette technique d'assemblage consiste en l'adhésion par attraction moléculaire entre deux parties à coller et un adhésif interposé qui doit assurer la transmission des efforts.

Cette méthode d'assemblage a pour effet de répartir les contraintes sur toute la surface du collage faisant disparaître ainsi les concentrations des contraintes aux abords des trous engendrées par des assemblages par boulonnage ou rivetage.

Un élément important dans le dimensionnement des assemblages collés est l'analyse du champ des contraintes dans la couche de colle.

Dans la présente étude nous abordons plusieurs méthodes d'analyse : une analyse analytique et numérique des assemblages collés cylindrique et une analyse analytique, numérique et expérimentale des assemblages collés plans à double recouvrement.

Les modèles analytiques et numériques nous permettent de déterminer les distributions et les intensités des contraintes dans la couche de colle en fonction des paramètres géométriques et physiques de l'assemblage : épaisseur de la colle, module élastique de la colle, rigidité relative des éléments collés et la longueur de collage.

Enfin un critère de rupture du joint de colle est appliqué et comparé à des résultats expérimentaux dans le cas d'assemblage plan.

Mots clés : Assemblages collés ; Étude analytique ; Étude numérique ; Méthode variationnelle.

ABSTRACT

Joining is a powerful assembling technique which makes more and more possible to replace or supplement the other traditional assembling methods (welding, riveting or bolting). This assembling technique consists in the adhesion by molecular attraction between two parts and an interposed adhesive which must ensure the transmission of efforts.

This assembling method distributes the stresses over the whole joining surface and removes the concentrations of stresses on the boundary of holes generated by bolting or riveting assemblies.

A major element in dimensioning the adhesive assemblies is represented by the analysis of the stress field in the adhesive layer.

In the present study we show several methods of analysis: an analytical and numerical analysis of the cylindrical adhesive bonded joints and an analytical, numerical and experimental analysis of the double-lap adhesive bonded joints.

The analytical and numerical models enable us to determine the stress distributions and intensities in the adhesive layer and also to make an analysis of geometrical and physical parameters influence on the stress field: adhesive thickness, the length of adhesive cover, the Young's modulus of the adhesive and the relative rigidity of the joined parts.

Key words: Adhesive assemblies; Analytical analysis; Numerical analysis; Variational method.

NOTATIONS

ε_{ij}	- composante du tenseur des déformations
U_i	- composante du champ de déplacements
σ_{ij}	- composante du tenseur des contraintes
ν	- coefficient de Poisson
V	- domaine
S	- surface extérieure
Ω	- volume occupé par le solide
Γ	- frontière du solide
λ, μ	- coefficients de Lamé
E	- module de Young
G	- module de cisaillement
δ_{ij}	- symbole de Kronecker
ξ_p	- énergie potentielle
f_i	- densité de force volumique dans la direction i
F_i	- efforts surfaciques dans la direction i
$\left(\sigma_{ij}^*\right)$	- champ de contraintes statiquement admissible
$\left(U_i^*\right)$	- champ de déplacements cinématiquement admissible
x, y, z	- vecteurs unitaires
E_i	- module de Young
ν_i	- coefficient de Poisson
r_i	- rayon intérieur du tube intérieur
r_{ic}	- rayon extérieur du tube intérieur
r_{ec}	- rayon intérieur du tube extérieur
r_e	- rayon extérieur du tube extérieur
L	- longueur de recouvrement

f	- contrainte de traction suivant l'axe z sur le tube intérieur
q	- contrainte de traction suivant l'axe z sur le tube extérieur
F	- effort appliqué
$\tau_{rz}^{(i)}$, $\tau_{xy}^{(i)}$	- contraintes de cisaillement
$\sigma_{zz}^{(i)}$, $\sigma_{xx}^{(i)}$	- contraintes normales
$\sigma_{\theta\theta}^{(i)}$	- contraintes orthoradiales
$\sigma_{yy}^{(i)}$	- contraintes de pelage
i	- indice = ① pour le tube intérieur, © pour la colle et ② pour le tube extérieur

INTRODUCTION

Le collage est une technique performante d'assemblage qui permet de plus en plus de remplacer ou de compléter l'assemblage par rivetage ou boulonnage. Cette technique d'assemblage consiste en l'adhésion par attraction moléculaire entre deux parties à coller et un adhésif interposé qui doit assurer la transmission des efforts. Cette méthode d'assemblage a pour effet de répartir les contraintes sur toute la surface du collage faisant disparaître ainsi les concentrations des contraintes aux abords des trous engendrées par des assemblages par boulonnage ou rivetage. Contrairement aux liaisons soudées, vissées ou rivetées, la solution collée n'altère pas l'intégrité des matériaux assemblés, et la répartition des contraintes s'effectue sur une plus grande surface. De plus, la simplification des formes et des usinages entraîne un gain notable sur le coût de fabrication.

Les performances mécaniques d'un assemblage collé sont liées à la répartition des contraintes dans le film d'adhésif [8]. Par conséquent il est essentiel de connaître cette répartition qui, en raison de sa complexité rend difficile la prédiction de la rupture.

L'assemblage par collage s'est développé sur le plan technologique depuis le début du 20ème siècle. Cependant, les recherches concernant la prévision de la tenue mécanique par calcul datent d'une cinquantaine d'années. L'optimisation de ce type d'assemblage passe par la détermination des contraintes dans la colle et dans les substrats ; contraintes fortement influencées par les paramètres géométriques et physiques de l'assemblage.

La présente étude comporte deux parties. Une première partie qui débute par une étude bibliographique des différentes formulations théoriques des contraintes dans les assemblages collés plans et cylindriques. Notre approche du collage étant une approche énergétique, le rappel des formulations énergétiques employées dans notre étude est présentée chapitre 2.

La deuxième partie présente un modèle théorique de calcul d'assemblages cylindriques collés, basé sur une méthode énergétique. Après la détermination du champ des contraintes cinématiquement admissibles en fonction des efforts appliqués, un calcul variationnel sur l'expression de l'énergie potentielle élastique permet d'aboutir à l'expression complète du champ de contraintes dans l'ensemble de l'assemblage. Une première analyse paramétrique (paramètres géométriques et physiques) est réalisée sur un assemblage de tubes en composite et permet de déduire la longueur et l'épaisseur optimales de collage. Enfin, une application de ces modèles à une analyse d'un assemblage de tubes collés proche d'un cas industriel est présentée.

Le modèle développé est aussi appliqué par la suite aux assemblages plans. Dans notre cas, le modèle est appliqué sur un assemblage à double recouvrement et il est formulé de manière identique à celui développé pour les assemblages cylindriques

Ces modèles permettent une analyse rapide des assemblages collés. Afin de le valider, il est comparé en terme de comportement global (effort-déplacement) et de valeurs locales (contraintes, déformations, ...) à une étude par éléments finis.

Enfin, l'application de ce modèle théorique est utilisée à la prédiction de la rupture d'assemblages collés par comparaison à des essais.

1. INTRODUCTION À L'ÉTUDE DES ASSEMBLAGES COLLÉS

1.1. But du collage

Le collage est une technique performante d'assemblage qui permet de plus en plus de remplacer ou de compléter les autres méthodes traditionnelles d'assemblage (le soudage, le rivetage ou le boulonnage).

Cette technique d'assemblage consiste en l'adhésion par attraction moléculaire entre deux parties à coller et un adhésif interposé qui doit assurer la transmission des efforts.

L'utilisation croissante des assemblages collés est due aux nombreux avantages qu'offre cette méthode par rapport aux méthodes classiques.

Cette méthode d'assemblage a pour effet de répartir les contraintes sur toute la surface du collage faisant disparaître ainsi les concentrations des contraintes aux abords des trous engendrées par des assemblages par boulonnage ou rivetage.

Un autre facteur qui a eu pour effet l'essor des assemblages collés est l'apparition des matériaux composites, à cause du fait que leurs performances mécaniques sont diminuées lors de la réalisation des assemblages (perçages pour le passage de boulons ou rivets).

Parmi les avantages de cette méthode d'assemblage nous pouvons citer ([1 ÷ 7]) :

- la répartition des efforts sur l'ensemble de la liaison,
- la résistance accrue à la fatigue,
- la propriété d'isolation thermique, électrique et acoustique,
- la propriété d'amortissement des bruits et des vibrations,
- l'assemblage des matériaux qui n'ont pas le même coefficient de dilatation,
- des assemblages plus légers et plus esthétiques,
- la possibilité d'optimisation géométrique et dimensionnelle,
- la possibilité de réduire le nombre de repères.

Par contre, il y a certains inconvénients qu'il faudrait prendre en compte :
- le caractère définitif des liaisons,
- la nécessité de mettre en place un cycle de fabrication et une mise en œuvre soignée (nettoyage, préparation spécifique des surfaces, …),
- la dégradation possible dans certains milieux hostiles (UV, chaleur, milieux acides, humidité élevée, …).

Les performances mécaniques d'un assemblage collé sont liées à la répartition des contraintes dans le film d'adhésif [8]. Par conséquent il est essentiel de connaître cette répartition qui, en raison de sa complexité rend difficile la prédiction de la rupture.

L'assemblage par collage s'est développé sur le plan technologique depuis le début du 20ème siècle. Cependant, les recherches concernant la prévision de la tenue mécanique par calcul datent d'une cinquantaine d'années.

De nombreux travaux ont été publiés sur la détermination des contraintes dans de multiples configurations d'assemblages collés. Parmi celles-ci, le joint à simple recouvrement qui fut le premier à être étudié, est sans doute celui qui a recueilli le plus de contributions. Les premières études sont développées sur des assemblages plans à simple recouvrement sollicités en traction. Les travaux de Volkersen [9] développés en 1944 aboutissent à une évaluation fausse du niveau de contrainte maximale car les effets de flexion des supports ne sont pas pris en compte.

Depuis les premiers travaux de Volkersen [9] jusqu'aux études plus récentes par éléments finis, de nombreuses formulations ont permis de mieux cerner le champ des contraintes dans de tels assemblages. Parmi celles-ci, nous pouvons mentionner les principaux travaux dus à :
- Goland et Reissner [10] : mise en évidence des contraintes de décollement (ou de pelage). Ils ont montré que les effets de flexion créent des contraintes supplémentaires d'arrachement qui se superposent aux contraintes de cisaillement.
- Hart-Smith [11] : étudie le comportement élasto-plastique du joint de colle et ont pris en compte les effets de température,
- Renton et Vinson [12] ont vérifiés expérimentalement certains résultats.

Nous mentionnons aussi les travaux théoriques dus à Oljado et Eidinoff [13], ou ceux dus à Bigwood [14], et à Allman [15], etc....

1.2. Analyse d'un joint à double recouvrement

L'étude bibliographique dans le cas d'un joint à double recouvrement porte sur les formulations analytiques dont les plus significatives permettent une meilleure compréhension du comportement mécanique et conduisent à la détermination du champ de contraintes régnant dans les joints à double recouvrement.

La plupart de ces premières études théoriques analysant le comportement des joints adhésifs sollicités en cisaillement (les pièces à assembler étant soumises à un chargement de traction), ont pour fondement des hypothèses simplificatrices sur le champ des déplacements et le champ des contraintes réduisant celui-ci à :

- la contrainte normale dans les supports,
- un cisaillement pur dans l'adhésif indépendant de la coordonnée d'épaisseur.

Suite aux travaux de Goland et Reissner [10], Volkersen [16] a introduit dans sa nouvelle analyse, une contrainte "normale de cisaillement" (contrainte de pelage) variable dans l'épaisseur de la colle. Cette hypothèse lui a permis de construire un champ de contraintes respectant les conditions aux limites aux extrémités non sollicitées de l'assemblage. Cependant cette formulation analytique est difficilement applicable en raison de sa complexité et de la difficulté de sa mise en œuvre.

Gilibert et Rigolot [17 ÷ 19] proposent, en utilisant la méthode des développements asymptotiques raccordés au voisinage des extrémités, une formulation analytique du champ des contraintes sur toute la longueur du recouvrement. Si cette formulation constitue une nette amélioration de la modélisation du champ des contraintes au niveau des extrémités et représente mieux la réalité expérimentale, elle n'est cependant pas valable à proximité des bords libres.

En effet cette analyse met en évidence trois zones principales (Figure 1) :

- une première zone située loin des extrémités qui s'étend sur une longueur égale aux deux tiers du recouvrement, zone dans laquelle les hypothèses des théories classiques se trouvent vérifiées.
- une seconde zone, proche des extrémités, pour laquelle les contraintes normales dans les substrats sont prépondérantes et fonction de la coordonnée x et de l'épaisseur. Dans l'adhésif, les contraintes prépondérantes sont les contraintes de cisaillement et de décollement (indépendantes de l'épaisseur).
- une troisième zone de longueur équivalente approximativement à l'épaisseur du joint où les contraintes de traction et de cisaillement présentent des singularités.

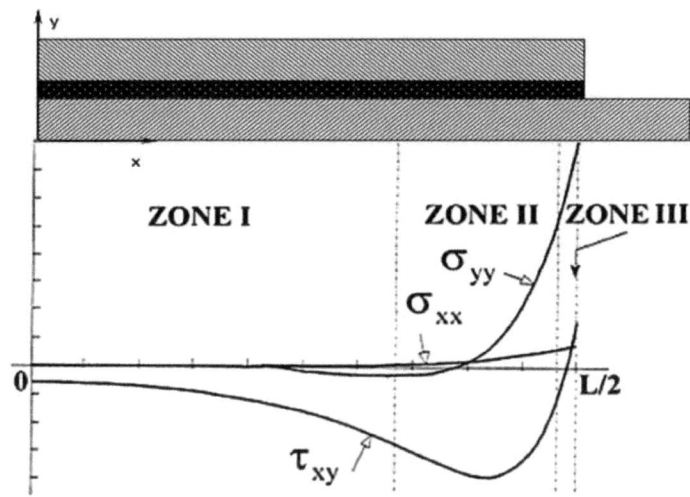

Figure 1. Contraintes dans l'adhésif selon Gilibert et Rigolot.

Par conséquent, comme le soulignent ces auteurs, il convient d'utiliser le champ solution proposé sur toute la longueur du recouvrement, excepté sur une distance de l'ordre de grandeur de l'épaisseur du joint prise à partir des bords.

D'autres études plus récentes, due à Liyong [20] présentent une formulation analytique permettant de calculer la résistance mécanique des joints à double recouvrement en tenant compte des effets de température ; cependant l'auteur fait abstraction de la répartition des contraintes et ne calcule que l'énergie de déformation de cisaillement du joint.

Les méthodes de résolution par éléments finis qui, en principe permettent de s'affranchir des hypothèses simplificatrices des formulations analytiques, sont limitées par le degré de précision qui est en étroite liaison avec le nombre et le type d'éléments utilisés [21].

De plus, ces méthodes de résolution basées sur des hypothèses cinématiques, ne permettent pas de définir correctement le champ des contraintes au niveau des bords libres, zones qui sont du plus haut intérêt.

Adams et Peppiatt [22], dans leur analyse par éléments finis, ont contourné cette difficulté en étudiant un joint modifié par l'adjonction d'une partie régularisante. Cependant même cette étude n'est pas satisfaisante au niveau des extrémités.

Tsai et Oplinger [23] développent les solutions classiques, existantes, par l'inclusion de déformations en cisaillement, négligée jusque-là. Les solutions obtenues assurent une meilleure prévision de la distribution et de l'intensité de la contrainte de cisaillement.

Mortensen et Thomsen [24, 25] ont développé l'approche précédente pour l'analyse et la conception des assemblages collées. Ils ont tenu compte de l'influence des effets d'interface entre les substrats collés et ils ont modélisé la couche d'adhésif en l'assimilant à un ressort.

Comme nous venons de voir, les formulations analytiques et l'analyse par éléments finis fournissent un champ de contraintes satisfaisant pour la partie médiane des joints. Par contre, ces deux approches fournissent des résultats qui ne satisfont pas les conditions aux limites imposées aux extrémités du recouvrement. Or c'est au voisinage de ces extrémités que l'on observe la plupart des phénomènes de dégradation (comportement non linéaire, endommagement, fissuration, voire rupture).

L'étude analytique qui suit, chapitre II, deuxième partie, donne une première solution du champ des contraintes respectant l'ensemble de ces conditions.

1.3. Analyse des collages cylindriques

Comparées aux nombreuses publications scientifiques récentes sur les joints plans à simple et double recouvrements, les publications théoriques relatives à l'étude du comportement mécanique d'assemblages collés, à symétrie de révolution, sollicités en traction sont peu nombreuses ([26, 27]) (Figure 2).

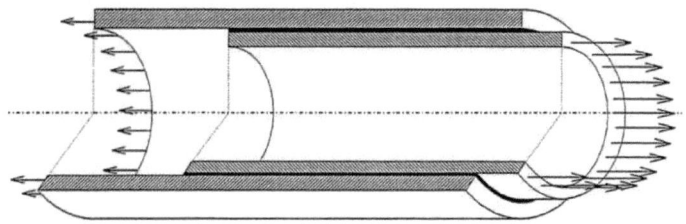

Figure 2. Coupe longitudinale d'un assemblage tubulaire en traction, [34].

Les premières études théoriques concernant les assemblages collés cylindriques sont dues à Lubkin et Reissner [28] ainsi qu'à Volkersen [16]. Ils ont supposé que les supports ne se déforment pas. D'autres travaux ont permis d'étudier le champ des contraintes dans les joints collés dans des conditions différentes.

Lubkin et Reissner [28] présentent une analyse des contraintes dans des assemblages tubulaires soumis à un chargement axial et donnent une solution de la répartition des contraintes de pelage dans l'épaisseur de la colle (contraintes engendrées par la flexion des supports). Les tubes étant supposés de faible épaisseur, ils utilisent la théorie des coques minces pour construire le champ des contraintes. Leur analyse suppose que le travail des contraintes de cisaillement et des contraintes de pelage dans les deux tubes est négligeable devant celui de ces mêmes contraintes dans la colle.

Alwar et Nagaraja [29] ont fait une étude par éléments finis des collages tubulaires sollicités en traction avec prise en compte du comportement viscoélastique de la colle. Ils ont montré que l'adaptation viscoélastique de la colle permet de prévoir une diminution non négligeable des contraintes maximales sur les extrémités du collage. Mais les cas concernant un comportement "élastique" ne sont que brièvement abordés. Cependant même avec cet artifice, il apparaît aussi une discontinuité aux extrémités du joint. Ceci est en partie dû au maillage utilisé qui n'est pas assez "fin" pour prendre en compte les forts gradients des contraintes de cisaillement et des contraintes normales, gradients résultant de la présence de surfaces libres dans ces zones.

Therekhova et Skoryi [30] ont considéré l'influence des pressions qui s'exercent à l'intérieur et à l'extérieur des tubes. Kukovyankin et Skoryi [31] se sont intéressés à l'action des moments et des forces axisymétriques qui permettent d'introduire la flexion dans les tubes. Dans ces travaux les contraintes orthoradiales ne sont pas prises en compte.

D'autres travaux plus récents présentent des résultats expérimentaux qui sont comparés à des résultats de calculs analytiques issus de la théorie classique à laquelle sont rajoutés des champs correcteurs. Les travaux les plus récents concernant le type d'assemblage considéré sont dus à Shi et Cheng [27]. Ils ont construit un premier champ de contraintes à l'aide des équations d'équilibre, des conditions de continuité des contraintes aux interfaces ainsi qu'à l'aide d'une équation de compatibilité. Ils ont calculé ensuite l'énergie potentielle associée à ce champ, et par l'intermédiaire du théorème de l'énergie complémentaire minimale, ils ont obtenu un système d'équations différentielles dont les solutions servent à déterminer le champ optimal.

Cependant, si le champ de contraintes obtenu vérifie bien une partie des équations de compatibilité, ce dernier ne vérifie pas pour autant la totalité des équations de compatibilité.

Les exemples numériques traités mettent en avant les zones de sur-contraintes qui apparaissent aux extrémités des joints. Les autres fournissent également un aperçu de la répercussion des variations des différents paramètres géométriques et physiques sur la distribution et sur l'intensité des contraintes de cisaillement dans l'adhésif.

Toutes les techniques développées, basées sur la résolution des équations différentielles, se heurtent à une difficulté non surmontée qui est la prise en compte des conditions aux limites aux extrémités du joint. L'endommagement se déclarant dans ces zones, il est donc important de bien modéliser les effets de bords. Dans cette optique des travaux plus récents ont été réalisés par Gilibert et Rigolot [32, 33]. Ils ont développé une méthode analytique en utilisant la technique des développements asymptotiques. Les conditions d'annulation des contraintes de cisaillement aux extrémités sont ainsi respectées.

Une autre technique basée sur la minimisation de l'énergie potentielle a été utilisé par Armengaud [34]. La première étape consiste à construire un champ de contraintes statiquement admissible, c'est à dire vérifiant les conditions aux limites et les équations d'équilibre. La deuxième étape consiste à calculer l'énergie potentielle engendrée par un tel champ des contraintes. Dans la troisième étape l'utilisation du deuxième théorème de l'énergie potentielle conduit à minimiser cette énergie, afin de déterminer la distribution des contraintes. Une application de la méthode au cas d'un assemblage collé cylindrique a ainsi été réalisée [35] en prenant en compte les contraintes orthoradiales. La méthode est prometteuse, mais il ressort que dans le cas de chargement complexes, les théories analytiques deviennent très lourdes à exploiter. Elles demandent des moyens de calcul proches de ceux utilisés par la méthode des éléments finis. De plus, les théories analytiques déjà développées ont considéré que les extrémités des assemblages collés se terminent par un angle droit. Or l'excédent de colle forme généralement un "ménisque" ou un rayon de raccordement sur les extrémités.

La méthode des éléments finis permet de modéliser les effets de bords en prenant en considération les rayons de raccordement aux extrémités du joint qui, selon Adam et Peppiatt [26] influence grandement les contraintes d'extrémité. Pour les assemblages collés cylindriques, ils notent une importante diminution des contraintes de cisaillement et de traction en extrémité par rapport aux calculs prévisionnels de Lubkin et Reissner [28].

Adam et Peppiatt [26] ont pour leur part étudié le même problème par la méthode des éléments finis et ils ont confronté leurs résultats avec ceux obtenus par les théories classiques existantes. Ils ont construit deux modèles de calcul. Le premier est semblable à celui adopté dans les études analytiques. En ce qui concerne le second modèle, ils ont ajouté un maillage triangulaire sur les extrémités des joints afin de matérialiser la formation du bourrelet de colle engendré lors de la fabrication. La présence de ce dernier modifie la distribution du champ des contraintes au niveau des extrémités du joint de colle.

Les approches analytiques qui portent sur les interfaces cylindriques collées sont applicables lors des calculs prévisionnels, donc pour les avant projets. Mais il ne fait aucun doute que, sous chargement complexe, la simulation numérique est une étape incontournable pour accéder à l'optimisation d'une liaison collée.

1.4. Méthodologie de calcul du collage

1.4.1. La géométrie des joints collés

Les assemblages collés ont une grande efficacité et c'est pour cette raison qu'ils sont utilisés de plus en plus dans les structures aérospatiales. Les assemblages collés peuvent distribuer les efforts sur une surface plus importante que les autres types d'assemblages.

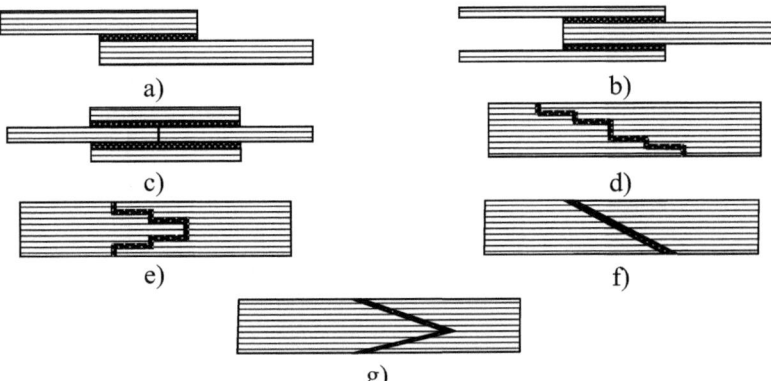

Figure 3. Principales configurations des assemblages collés : a) joint à simple recouvrement ; b) joint à double recouvrement ; c) joint avec sangle ; d) joint en escalier ; e) joint double en escalier ; f) joint biseauté ; g) joint doublement biseauté.

La Figure 3 montre les types les plus utilisés d'assemblages collés en fonction des conditions suivantes [7] :
- le joint d'adhésif doit travailler au cisaillement dans son plan,
- il faut éviter les contraintes de traction, perpendiculaire au joint de colle.

I.4.2. Le dimensionnement des surfaces collées

La résistance de l'adhésif est caractérisée par sa contrainte de cisaillement à la rupture τ_r. Lorsqu'on isole une zone collée nous avons le chargement de la Figure 4 [14].

Les contraintes dans l'adhésif consistent en :
- une contrainte de cisaillement τ,
- une contrainte normale, dite de pelage σ.

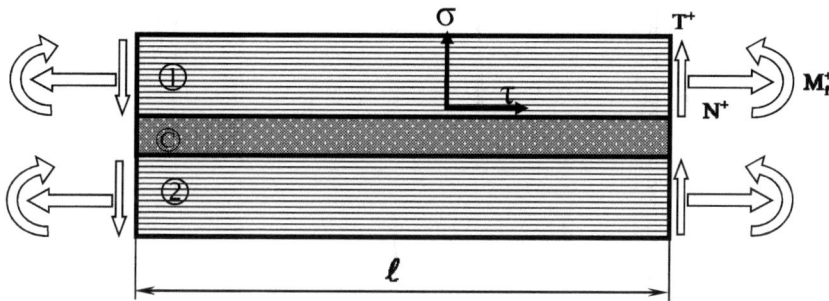

Figure 4. La distribution des efforts dans l'adhésif.

Ces contraintes présentent de maximums σ_M et τ_M très près des bords de l'adhésif. Les valeurs approchées de ces maximums peuvent être obtenues par superpositions des maximums partiels créés par chaque élément de réduction N, T, M_f, au moyen des expressions (1.1), (1.2), (1.3) dans lesquelles :
- E_c est le module de la colle,

- E_1 et E_2 sont les modules suivant la direction horizontale des parties collées 1 et 2,
- G_c est le module de cisaillement de la colle,
- e_c est l'épaisseur de la colle,
- e_1 et e_2 sont les épaisseurs des substrats collés.

Nous avons :
- Contraintes de cisaillement maximum :

$$\tau_{M \atop (N)} = \frac{\alpha_1}{2\sqrt{\alpha_1 + \alpha_2}} \times N \ ; \ \tau_{M \atop (T)} = \frac{3}{4e_1} \times T \ ; \ \tau_{M \atop (M_f)} = \frac{3\alpha_1}{e_1\sqrt{\alpha_1 + \alpha_2}} \times M_f \quad (1.1)$$

- Contraintes de pelage maximum :

$$\sigma_{M \atop (T)} = \frac{\beta_1\sqrt{2}}{\sqrt[4]{(\beta_1 + \beta_2)^3}} \times T \ ; \ \sigma_{M \atop (M_f)} = \frac{\beta_1}{\sqrt{(\beta_1 + \beta_2)}} \times M_f \quad (1.2)$$

où

$$\alpha_1 = \frac{G_c}{E_1 e_1 e_c} \ ; \ \alpha_2 = \frac{G_c}{E_2 e_2 e_c} \ ; \ \beta_1 = \frac{12 E_c}{E_1 e_1^3 e_c} \ ; \ \beta_2 = \frac{12 E_c}{E_2 e_2^3 e_c} \quad (1.3)$$

Remarque : L'utilisation de ces relations est limitée aux conditions suivantes [10] :

$$\begin{cases} \frac{\alpha_1}{\alpha_2} \geq 0.6 \ ; \ \frac{\beta_1}{\beta_2} \leq 2 \\ (\alpha_1 + \alpha_2) \times \ell^2 \geq 9 \ ; \ (\beta_1 + \beta_2) \times \ell^4 \geq 4 \times 6^4 \end{cases} \quad (1.4)$$

2. BASE THÉORIQUE POUR L'ANALYSE DU COLLAGE

2.1. Théorèmes généraux. Rappel

2.1.1. Lois de comportement

En élasticité linéaire, cadre dans lequel nous nous plaçons dans la suite, la forme générale de la relation reliant les déformations ε_{ij} aux contraintes σ_{ij} dans un matériau isotrope quelconque, traduisant un comportement élastique et linéaire, s'écrit :

$$\varepsilon_{ij} = \frac{1+\nu}{E}\sigma_{ij} - \frac{\nu}{E}\sigma_{kk}\delta_{ij} \tag{2.1}$$

ou encore :

$$\sigma_{ij} = \lambda \varepsilon_{kk}\delta_{ij} + 2\mu\varepsilon_{ij} \tag{2.2}$$

avec :

ε_{ij} - composante du tenseur des déformations, λ, μ - coefficients de Lamé,

σ_{ij} - composante du tenseur des contraintes, δ_{ij} - symbole de Kronecker.

2.1.2. Équations d'équilibre local

Les relations traduisant l'équilibre local en statique s'écrivent avec les mêmes conventions :

$$\sigma_{ij,j} + f_i = 0 \tag{2.3}$$

Où :

f_i - une densité de force volumique dans la direction i,

$\sigma_{ij,j}$ - la divergence du champ des contraintes, continûment différentiable par morceaux.

2.1.3. Champs statiquement et cinématiquement admissibles

2.1.3.1. Corps en équilibre

Soit un corps en équilibre, Figure 5, dont la géométrie est définie par un domaine Ω et une surface extérieure Γ telle que $\Gamma = \Gamma_U \cup \Gamma_F$.

- Sur Ω, agissent des forces de volume qui vérifient les équations d'équilibre :
$$\sigma_{ij,j} + f_i = 0 \quad (2.4)$$
- Sur la partie S_F sont appliqués des efforts extérieurs surfaciques $\overline{F}_i$ qui vont être reliées aux composantes du tenseur des contraintes par la relation :
$$\sigma_{ij} n_j = \overline{F}_i, \ \forall \ M \in \Gamma_F \quad (2.5)$$
- Sur la partie S_U, on impose des déplacements $U = \overline{U}_i$ connus.

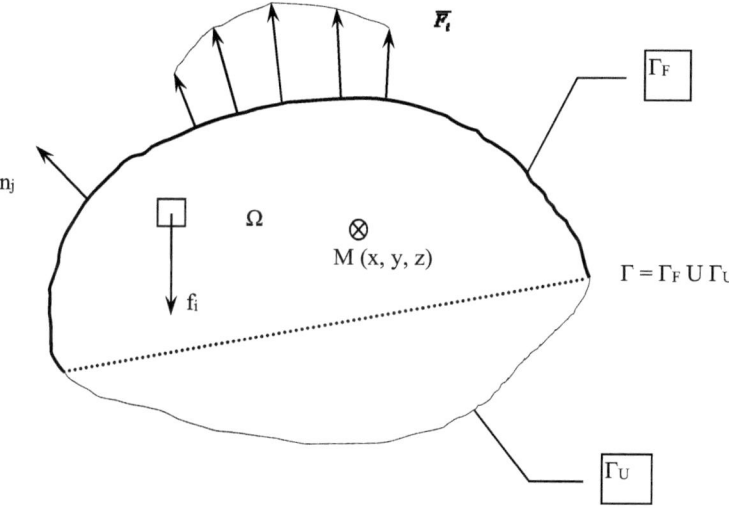

Figure 5. Corps en équilibre.

2.1.3.2. Définitions de champs admissibles

Un champ de contraintes σ_{ij}^* est dit statiquement admissible si et seulement si il vérifie le système (avec σ_{ij}^* continûment différentiable par morceaux) :

$$\sigma_{ij,j}^* + f_i = 0 \text{ dans } \Omega \tag{2.6}$$

$$\sigma_{ij}^* n_j = \overline{F}_i \text{ sur } \Gamma_F \tag{2.7}$$

Un champ de déplacements U_i^* est dit cinématiquement admissible si et seulement si les composantes U_i^* constituent un champ de vecteurs continûment différentiable par morceaux et vérifient toutes les données relatives aux déplacements c'est a dire vérifient la relation $U_i^* = \overline{U}_i$ sur Γ_U.

2.1.4. Énergie de déformation

Dans le cas de matériaux élastiques à comportement linéaire la densité volumique d'énergie ξ, emmagasinée par unité de volume au voisinage d'un point courant s'écrit :

$$\xi = \frac{1}{2}\sigma_{ij}\varepsilon_{ij} \text{, ou encore } 2\xi = \sigma_{ij}\varepsilon_{ij} \tag{2.8}$$

Cette expression peut s'écrire avec les lois de comportement introduites précédemment :

- Soit uniquement en termes de déformations :

$$2\xi(\varepsilon) = \lambda(\varepsilon_{kk})^2 + 2\mu\varepsilon_{ij}\varepsilon_{ij} \text{, où } \lambda > 0 \text{ et } \mu > 0 \tag{2.9}$$

- Soit encore en termes de contraintes :

$$2\xi(\sigma) = \frac{1+\nu}{E}\sigma_{ij}\sigma_{ij} - \frac{\nu}{E}(\sigma_{kk})^2 \text{, où } E > 0 \text{ et } 0 < \nu < 0.5 \tag{2.10}$$

Remarque : *Ces deux expressions sont des formes quadratiques définies positives.*

2.1.5. Théorèmes de l'énergie

2.1.5.1. Expression du théorème des travaux virtuels

Considérons le corps en équilibre défini précédemment avec les mêmes conditions aux limites. Soit $U_i^{\otimes}(x, y, z)$ un champ de déplacements arbitraire, multiplions par $U_i^{\otimes}(x, y, z)$ l'équation d'équilibre local (écrite pour un champ statiquement admissible σ_{ij}^*).

Nous avons : $U_i^{\otimes}\left(\sigma_{ij,j}^* + f_i\right) = U_i^{\otimes}\sigma_{ij,j}^* + U_i^{\otimes}f_i = 0$ \hfill (2.11)

Soit en intégrant sur le volume : $\int_{\Omega}\left(U_i^{\otimes}\sigma_{ij,j}^* + U_i^{\otimes}f_i\right) d\Omega = 0$ \hfill (2.12)

d'où $\int_{\Omega}\left(\left[U_i^{\otimes}\sigma_{ij}^*\right]_{,j} - U_{i,j}^{\otimes}\sigma_{ij}^* + U_i^{\otimes}f_i\right) d\Omega = 0$ \hfill (2.13)

A l'aide de la formule de Green, la relation précédente peut se mettre sous la forme suivante : $\int_{\Gamma} U_i^{\otimes}\sigma_{ij}^* n_j d\Gamma + \int_{\Omega} U_i^{\otimes}f_i d\Omega = \int_{\Omega} U_{i,j}^{\otimes}\sigma_{ij}^* d\Omega$

(2.14)

Soit ψ une fonction définie sur Γ, nous avons :

$\int_{\Gamma} \Psi dS = \int_{\Gamma_U} \Psi dS + \int_{\Gamma_F} \Psi dS$, avec $\Gamma = \Gamma_U \cup \Gamma_F$ et $\Gamma_U \cap \Gamma_F = \emptyset$ \hfill (2.15)

Par ailleurs sur Γ_F nous avons $\sigma_{ij}^* n_j = \overline{F}_i$. Le premier terme du premier membre de la relation (2.14) s'écrit alors : $\int_{\Gamma} U_i^{\otimes}\sigma_{ij}^* n_j d\Gamma = \int_{\Gamma_F} \overline{F}_i U_i^{\otimes} d\Gamma + \int_{\Gamma_U} U_i^{\otimes}\sigma_{ij}^* n_j d\Gamma$ \hfill (2.16)

Remarque : *Si le champ de déplacements est un champ de déplacement cinématiquement admissible c'est à dire qu'avec les notations introduites précédemment nous avons* $U_i^{\otimes} = U_i^*$, *alors* : $\int_{\Gamma_U} U_i^{\otimes}\sigma_{ij}^* n_j d\Gamma = \int_{\Gamma_U} U_i^*\sigma_{ij}^* n_j d\Gamma = \int_{\Gamma_U} \overline{U}_i \sigma_{ij}^* n_j d\Gamma$ (2.17)

Explicitons à présent le second membre de la relation (2.14), nous pouvons poser :

$$U_{i,j}^{\otimes} = \frac{1}{2}\left[U_{i,j}^{\otimes} + U_{j,i}^{\otimes}\right] + \frac{1}{2}\left[U_{i,j}^{\otimes} - U_{j,i}^{\otimes}\right] = \varepsilon_{ij} + \omega_{ij} \tag{2.18}$$

avec : $\omega_{ij} = -\omega_{ji}$ (2.19)

Par conséquent nous avons l'écriture suivante : $\sigma_{ij}^{*}U_{ij}^{\otimes} = \sigma_{ij}^{*}\varepsilon_{ij} + \sigma_{ij}^{*}\omega_{ij}$ (2.20)

or $\sigma_{ij}^{*}\omega_{ij} = \sigma_{ji}^{*}\omega_{ji} = -\sigma_{ji}^{*}\omega_{ij}$ (2.21)

donc $\sigma_{ij}^{*}\omega_{ij} = 0$ (2.22)

d'où $\sigma_{ij}^{*}U_{i,j}^{\otimes} = \sigma_{ij}^{*}\varepsilon_{ij}$ (2.23)

En intégrant dans la relation (2.14) les simplifications exposées précédemment, ce dernier devient :

$$\int_{\Omega}\sigma_{ij}^{*}\varepsilon_{ij}d\Omega = \int_{\Omega}f_{i}U_{i}^{\otimes}d\Omega + \int_{\Gamma_{F}}\overline{F}_{i}U_{i}^{\otimes}d\Gamma + \int_{\Gamma_{U}}U_{i}^{\otimes}\sigma_{ij}^{*}n_{j}d\Gamma , \tag{2.24}$$

équation dans laquelle $U_{i}^{\otimes}$ peut s'écrire $\overline{U}_{i}$ si $U_{i}^{\otimes}$ est un champ de déplacements cinématiquement admissible.

Le théorème des travaux virtuels qui s'écrit alors avec le champ réel,

$$\int_{\Omega}\sigma_{ij}\varepsilon_{ij}d\Omega = \int_{\Omega}f_{i}U_{i}^{\otimes}d\Omega + \int_{\Gamma}F_{i}U_{i}d\Gamma = \int_{\Omega}f_{i}U_{i}d\Omega + \int_{\Gamma_{F}}\overline{F}U_{i}d\Gamma + \int_{\Gamma_{U}}\overline{U}_{i}\sigma_{ij}n_{j}d\Gamma \tag{2.25}$$

peut s'énoncer ainsi : *Le travail effectué par les efforts extérieurs f_i et F_i s'exerçant sur un système en équilibre dans le champ des déplacements U_i est égal au double de l'énergie de déformation [36].*

2.1.5.2. Expression des énergies potentielles

On a démontré que $\sigma_{ij}\cdot\varepsilon_{ij} = 2\varphi(\sigma) = 2\xi(\varepsilon) = \varphi(\sigma) + \xi(\varepsilon)$ d'où à l'aide de la relation (2.25), nous pouvons poser la nouvelle écriture suivante :

$$\underbrace{\int_{\Omega}\xi(\varepsilon)d\Omega - \int_{\Omega}f_{i}U_{i}d\Omega - \int_{\Gamma_{F}}\overline{F}_{i}U_{i}d\Gamma}_{I(U)} = \underbrace{-\int_{\Omega}\varphi(\sigma)d\Omega + \int_{\Gamma_{U}}\overline{U}_{i}\sigma_{ij}n_{j}d\Gamma}_{J(\sigma)} \tag{2.26}$$

On définit ainsi :

L'énergie potentielle $I(U^{*})$ d'un champ cinématiquement admissible qui s'écrit :

$$I(U^*) = \int_\Omega \xi(\varepsilon^*)d\Omega - \int_\Omega f_i U_i^* d\Omega - \int_{\Gamma_F} \overline{F}_i U_i^* d\Gamma \quad (2.27)$$

L'énergie potentielle $J(\sigma^*)$ d'un champ statiquement admissible est donnée par :

$$J(\sigma^*) = -\int_\Omega \varphi(\sigma^*)d\Omega + \int_{\Gamma_U} \overline{U}_i \sigma_{ij}^* n_j d\Gamma \quad (2.28)$$

Remarque : *Cette fonctionnelle est encore appelée énergie complémentaire.*

2.1.5.3. Théorème de l'énergie

L'énergie potentielle d'un système élastique en équilibre, solution d'un problème donné, est inférieure à l'énergie potentielle de tout champ cinématiquement admissible et supérieure à l'énergie potentielle de tout champ statiquement admissible quand ces champs solutions existent. Soit en d'autres termes [36] : *Parmi tous les champ cinématiquement admissible U^* pour un problème régulier de type classique donné, le champ des déplacements solution est celui qui minimise l'énergie potentielle* $I(U^*)$.

Parmi tous les champs de contraintes statiquement admissibles σ^* pour un problème régulier de type classique donné, le champ de contraintes solutions est celui qui correspond à un maximum de l'énergie potentielle $J(\sigma^*)$.

2.1.5.4. Unicité du champ de contraintes solution

Considérons à présent un accroissement virtuel $\delta\sigma_{ij}$ du champ des contraintes solutions tel que : $\sigma_{ij}^* = \sigma_{ij} + \delta\sigma_{ij}$ \quad (2.29)

Les champs σ_{ij}^* et σ_{ij} étant statiquement admissibles, on peut aisément montrer a l'aide de la définition d'un champ statiquement admissible, les deux relations suivantes :

$\delta\sigma_{ij,j} = 0$ \quad (2.30)

et $\delta\sigma_{ij} n_j = 0$ sur Γ_F (2.31)

Calculons l'énergie potentielle $J(\sigma_{ij}^*)$ associée à ce champ de contraintes. Elle s'écrit :

$$J(\sigma_{ij}^*) = J(\sigma_{ij} + \delta\sigma_{ij}) = -\int_\Omega \varphi(\sigma_{ij} + \delta\sigma_{ij}) d\Omega + \int_{\Gamma_U} \sigma_{ij}\overline{U}_i n_j d\Gamma + \int_{\Gamma_U} \delta\sigma_{ij}\overline{U}_i n_j d\Gamma \qquad (2.32)$$

En développant le premier terme du deuxième membre, nous obtenons :

$$\varphi(\sigma_{ij} + \delta\sigma_{ij}) = \varphi(\sigma_{ij}) + \varphi(\delta\sigma_{ij}) + \frac{1+\nu}{E}\sigma_{ij}\delta\sigma_{ij} - \frac{\nu}{E}\sigma_{kk}\delta\sigma_{kk} \qquad (2.33)$$

or : $\dfrac{1+\nu}{E}\sigma_{ij}\delta\sigma_{ij} - \dfrac{\nu}{E}\varepsilon_{kk}\sigma_{kk} = \underbrace{\left[\dfrac{1+\nu}{E}\sigma_{ij} - \dfrac{\nu}{E}\sigma_{kk}\delta_{ij}\right]}_{\varepsilon_{ij}}\delta\sigma_{ij}$ (2.34)

car $\delta_{ij}\delta\sigma_{ij} = \delta\sigma_{ii} = \delta\sigma_{kk}$ (2.35)

D'où $\varphi(\sigma_{ij} + \delta\sigma_{ij}) = \varphi(\sigma_{ij}) + \varphi(\delta\sigma_{ij}) + \varepsilon_{ij}\delta\sigma_{ij}$ (2.36)

et par conséquent l'énergie potentielle peut se mettre sous la forme :

$$J(\sigma_{ij} + \delta\sigma_{ij}) = \underbrace{-\int_\Omega \varphi(\sigma_{ij}) d\Omega + \int_{\Gamma_U} \sigma_{ij}\overline{U}_i n_j d\Gamma}_{J(\sigma_{ij})} - \int_\Omega \varphi(\delta\sigma_{ij}) d\Omega - \int_\Omega \delta\sigma_{ij}\varepsilon_{ij} d\Omega + \int_{\Gamma_U} \overline{U}_i \delta\sigma_{ij} n_j d\Gamma \qquad (2.37)$$

Par ailleurs, nous pouvons écrire :

$$\int_\Omega \delta\sigma_{ij}\varepsilon_{ij} d\Omega = \int_\Omega \left[\frac{1}{2}\delta\sigma_{ij}U_{i,j} + \frac{1}{2}\delta\sigma_{ij}U_{j,i}\right] d\Omega = \int_\Omega \delta\sigma_{ij}U_{i,j} d\Omega$$
$$= \int_\Omega \left[(\delta\sigma_{ij}U_i)_{,j} - \delta\sigma_{ij,j}U_i\right] d\Omega \qquad (2.38)$$

D'où en utilisant la relation (2.30) ainsi que la formule de Green, la relation précédente devient :

$$\int_V \delta\sigma_{ij} \cdot \varepsilon_{ij} dV = \int_V (\delta\sigma_{ij} \cdot U_i)_{,j} dV = \int_S \delta\sigma_{ij} \cdot U_i \cdot n_j dS = \int_{S_F} \delta\sigma_{ij} \cdot U_i \cdot n_j dS + \int_{S_U} \delta\sigma_{ij} \cdot \overline{U}_i \cdot n_j dS \qquad (2.39)$$

De même, en exploitant la relation (2.31), on obtient une expression traduisant le théorème des travaux virtuels :

$$\int_\Omega \delta\sigma_{ij}\varepsilon_{ij} d\Omega = \int_{\Gamma_U} \delta\sigma_{ij}\overline{U}_i n_j d\Gamma \qquad (2.40)$$

D'où en intégrant cette relation dans la dernière expression de l'énergie, nous obtenons :

$$J(\sigma_{ij} + \delta\sigma_{ij}) = J(\sigma_{ij}) - \int_\Omega \varphi(\delta\sigma_{ij})d\Omega \qquad (2.41)$$

Nous pouvons poser alors les relations suivantes :

$$J(\sigma_{ij}) \geq J(\sigma_{ij} + \delta\sigma_{ij}) = J(\sigma_{ij}^*) \text{ et } J(\sigma_{ij}^*) = J(\sigma_{ij}) \text{ si } \int_\Omega \varphi(\delta\sigma_{ij})d\Omega = 0 \qquad (2.42)$$

D'où en supposant que $\delta\sigma_{ij}$ est suffisamment régulier nous pouvons poser que $J(\sigma_{ij}^*) = J(\sigma_{ij})$ si et seulement si $\varphi(\delta\sigma_{ij}) = 0$. Or la fonction φ est définie positive, donc nous pouvons poser que $J(\sigma_{ij}^*) = J(\sigma_{ij})$ si et seulement si $\delta\sigma_{ij} = 0$

2.1.5.5. Principe des travaux virtuels et formulations variationnelles

Les équations vérifiées par le déplacement d'un solide élastique en équilibre forment un système elliptique. Nous allons en donner une formulation fondée sur le principe des travaux virtuels.

Soit Ω le volume occupé par le solide au repos, Γ sa frontière. Supposons que sur une partie Γ_0 de Γ le solide soit fixé et que sur le reste Γ_1 on lui applique une force de densité g. Un déplacement admissible est un champ de vecteurs qui s'annule sur Γ_0. Soit u(x) le déplacement du point du solide qui se trouve en x au repos. On sait que chaque composante de la divergence du champ de contraintes s'écrit :

$$\sum_{k=1}^{3} \frac{\partial \sigma_{j,k}}{\partial x_k} \qquad (2.43)$$

où σ est le tenseur des contraintes, qui est symétrique. Leur travail dans un déplacement virtuel admissible v est :
$$\xi_i = \int_\Omega \sum_{j,k} v_j \frac{\partial \sigma_{j,k}}{\partial x_k} dx - \int_\Gamma \sum_{j,k} v_j \sigma_{j,k} n_k dS \qquad (2.44)$$

où l'indice i évoque le mot "interne" ; les n_k sont les composantes de la normale sortante et dS la mesure superficielle sur Γ. Soit directement par des considérations physiques qu'il serait trop long de décrire ici, soit en appliquant à (2.44) une intégration par parties et en tenant compte de la symétrie de σ, on arrive à la nouvelle formule :

$$\xi_i = \frac{1}{2}\int_\Omega \sum_{j,k}\left(\frac{\partial v_j}{\partial x_k} + \frac{\partial v_k}{\partial x_j}\right)\sigma_{j,k}\,dx \qquad (2.45)$$

La loi de comportement donne l'expression de s qui dépend des dérivées de u et (si le solide étudié est inhomogène) de x. Usuellement, si la déformation est assez petite pour que le solide reste élastique, il suffit de supposer la dépendance en u linéaire. Mais il est important de comprendre que nous n'avons pas besoin de cette simplification ici ; nous ne la faisons donc pas. Avant d'écrire que le travail virtuel des forces élastiques est égal à celui de la densité volumique de force appliquée, il reste à préciser ce qu'est un déplacement admissible. Il faut qu'il satisfasse aux liaisons imposées au système, c'est-à-dire ici qu'il s'annule sur Γ_0. Il faut de plus qu'il vérifie une condition de régularité qui assure au minimum l'existence de l'intégrale qui figure dans la formule (2.45), nous y reviendrons. On aboutit à la formulation variationnelle du problème de la recherche du déplacement à l'équilibre : Trouver un déplacement admissible u qui vérifie pour tout déplacement admissible v et g une fonction donnée :

$$\frac{1}{2}\int_\Omega \sum_{j,k}\left(\frac{\partial v_j}{\partial x_k} + \frac{\partial v_k}{\partial x_j}\right)\sigma_{j,k}(x, \text{grad } u)\,dx = \int_{\Gamma_1} v \cdot g\, dS \qquad (2.46)$$

En généralisant un peu, on arrive à la formulation suivante, où V est un espace de fonctions sur Ω (qui peuvent être à valeurs vectorielles) et les F_0 et F_i des fonctions connues (il est commode et peu restrictif de supposer qu'elles vérifient $F_i(x, 0, 0) = 0$) : Trouver u appartenant à V telle que pour toute fonction v appartenant à V :

$$\int_\Omega \left[\sum_{i=1}^n \frac{\partial v}{\partial x_i} F_i(x, u, \text{grad } u) + v \cdot F_0(x, u, \text{grad } u)\right] dx = \int_{\Gamma_1} v \cdot g\, dS \qquad (2.47)$$

Des intégrations par parties montrent que u vérifie l'équation aux dérivées partielles du second ordre : $\sum_{i=1}^n \frac{\partial}{\partial x_i} F_i(x, u(x), \text{grad } u(x)) = F_0(x, u, \text{grad } u)$ (2.48)

et des conditions aux limites qui dépendent du choix de l'espace V.

Le plus grand avantage des formulations variationnelles est justement de contenir à la fois l'équation aux dérivées partielles et les conditions aux limites. Sous forme classique, nous cherchons u deux fois différentiable qui vérifie l'équation de

Laplace (2.49) sur Ω, $u = g_0$ sur Γ_0 et $\partial_n u = g_1$ sur Γ_1, où g_0 et g_1 sont des fonctions données.

$$\Delta u = \sum_{j=1}^{n} \frac{\partial^2 u}{\partial x_j^2} = f \qquad (2.49)$$

C'est la formule de Green qui va nous permettre de passer à la forme variationnelle. Elle assure que pour toute fonction v suffisamment régulière et nulle sur Γ_0 :

$$-\int_{\Omega} (\text{grad } v \cdot \text{grad } u + vf) \, dx = \int_{\Gamma_1} vg_1 dS \qquad (2.50)$$

Il reste à définir l'espace V. Débarrassons-nous d'abord d'un détail : une fonction appartenant à V devra s'annuler sur Γ_0 alors que la solution u y vaut g_0 ; il faudra en tenir compte dans la formulation du problème. En dehors de cela, il nous reste seulement à préciser quelle condition de régularité doit vérifier une fonction nulle sur Γ_0 pour appartenir à V. La condition (2.50) suggère que son gradient ainsi qu'elle-même soient de carré sommable. Or, c'est exactement la condition que dicte la physique.

Dans les applications les plus usuelles, l'expression : $\int_{\Omega} \| \text{grad } u \|^2 dx$ (2.51) appelée intégrale de Dirichlet, est à un coefficient près l'énergie du système étudié. C'est le cas en élasticité, en électrostatique, dans l'écoulement irrotationnel d'un liquide. L'ensemble des fonctions qui sont de carré sommable, ainsi que leur gradient, a reçu le nom d'espace de Sobolev et on lui a attribué la notation $H^1(\Omega)$ (il y a des espaces de Sobolev plus généraux). V sera donc l'ensemble des fonctions qui appartiennent à $H^1(\Omega)$ et s'annulent sur Γ_0 (un théorème assure que cette dernière condition a bien un sens pour les fonctions appartenant à l'espace de Sobolev). On arrive finalement à la formulation suivante : trouver $u \in H^1(\Omega)$ telle que sa restriction à Γ_0 soit g_0 et que, pour tout $v \in V$, la relation (2.50) soit vérifiée. On notera que les conditions de Dirichlet et de Neumann ont des statuts très différents dans la formulation variationnelle : la première doit être imposée à u et aussi, par l'intermédiaire de la définition de V, à v, alors que la seconde est intégrée dans la relation (2.46), (2.47) ou (2.50) selon le cas.

21.5.5.1. La monotonie

Le fait d'admettre une formulation variationnelle du type (2.47) n'implique pas qu'une équation ou un système soit elliptique. Au demeurant, les méthodes d'étude liées à la formulation variationnelle admettent une extension au cas hyperbolique, c'est ce qu'on appelle la méthode des inégalités d'énergie. Ce qui caractérise l'ellipticité, c'est une propriété des fonctions Fi que nous allons aborder maintenant.

Les propriétés des solutions d'une équation aux dérivées partielles sont surtout déterminées par les termes contenant les dérivées de l'ordre le plus élevé (ici 2). Nous allons donc concentrer notre attention sur la dépendance en grad u des fonctions F_i de la formule (2.47). Nous supposerons que $F_0 = 0$, comme c'est d'ailleurs le cas dans l'équation de Poisson-Laplace et dans les équations de l'élasticité, entre autres. Enfin, nous examinons le cas d'une équation, le passage à un système n'implique pas ici d'idée nouvelle, seulement une complication du formalisme. Nous posons $F_i = (F_1, ..., F_n)$.

On dit qu'une fonction F est monotone si pour tout couple $(u-v) \in R^n \times R^n$

$$(u - v) \cdot (F(u) - F(v)) \geq 0 \tag{2.52}$$

Cette terminologie est d'ailleurs assez malheureuse, puisque dans le cas d'une seule variable réelle elle amène à dire qu'une fonction croissante est monotone mais qu'une fonction décroissante ne l'est pas. Il reste qu'elle est adoptée par tous les spécialistes. On dit que la fonction est strictement monotone si le seul cas d'égalité dans (2.52) est celui où u = v.

Si F est linéaire par rapport à grad u, on peut écrire :

$$F_i(\text{grad } u) = \sum_{j=1}^{n} a_{ij}(x, u) \frac{\partial u}{\partial x_j} \tag{2.53}$$

La condition de monotonie signifie alors que la partie symétrique de la matrice des a_{ij} est positive, et définie positive s'il y a monotonie stricte. On notera en particulier que dans le cas de l'équation de Poisson-Laplace c'est l'opérateur Δ qui a la propriété de monotonie.

Montrons que si F est strictement monotone, deux solutions du problème variationnelle ne peuvent différer que par l'addition d'une constante. Soient u_1 et u_2 ces deux solutions. Écrivons la relation variationnelle (2.47) pour chacune des deux avec la même fonction $v = u_1 - u_2$, puis retranchons l'une à l'autre les deux équations obtenues. Nous aboutissons à :

$$\int_\Omega (\operatorname{grad} u_1 - \operatorname{grad} u_2) \times \left[F(\operatorname{grad} u_1) - F(\operatorname{grad} u_2) \right] dx = 0 \qquad (2.54)$$

Si $u_1 - u_2$ n'était pas constante, la fonction à intégrer dans le premier membre de cette équation serait positive et non nulle et, par suite, l'intégrale strictement positive. Si F est strictement monotone, il suffit donc que l'espace V du problème variationnelle ne contienne pas de constante non nulle pour qu'il y ait unicité ; ce sera le cas si on a imposé la valeur de la solution sur une partie de la frontière. Dans d'autres cas, c'est la présence d'un terme en F_0 strictement positif qui élimine la constante. Dans d'autres cas encore, tel celui du problème de Neumann, il existe bel et bien toute une famille de solutions distinctes deux à deux d'une constante.

Avec des conditions d'uniformité de la monotonie et des conditions de continuité assez faibles pour pouvoir être vérifiées dans la plupart des problèmes usuels, on démontre l'existence d'une solution (théorème de Minty-Browder). La démonstration, assez technique, se fait en deux étapes. La première consiste à démontrer l'existence dans le cas de la dimension finie. Elle s'appuie essentiellement sur un résultat de topologie algébrique (le "théorème des antipodes" de Borsuk). La seconde étape consiste à démontrer la convergence des approximations de Ritz-Galerkin.

2.1.5.5.2. Formulation variationnelle et calcul des variations

Dans de nombreux problèmes, parmi lesquels les plus fréquents dans les applications, la formulation variationnelle exprime que la solution u est un point critique d'une fonctionnelle J sur l'espace V. C'est le cas de l'équation de Poisson-

Laplace. La fonctionnelle J est dans ce cas défini par la formule :

$$J(u) = \int_\Omega \left[\frac{1}{2}\| \text{grad } u \|^2 + uf\right] dx + \int_{\Gamma_1} ug_1 \, dS \qquad (2.55)$$

Les équations linéaires du second ordre pour lesquelles une telle fonctionnelle peut se trouver sont celles qui s'écrivent :

$$\text{div}(A(x) \cdot \text{grad } u) + c(x)u + f = 0 \qquad (2.56)$$

où A est une matrice symétrique.

Lorsque cette fonctionnelle existe, on est donc ramené à un problème d'optimisation. La propriété de monotonie équivaut à la convexité de la fonctionnelle, qu'il s'agit donc de minimiser.

La fonctionnelle J a souvent une interprétation comme énergie potentielle du système. Sa convexité indique donc la stabilité de la configuration d'équilibre, elle lui est même équivalente dans le cas linéaire. Dans les formulations variationnelles, l'absence de fonctionnelle correspond souvent à un système non conservatif.

3. ÉTUDE ANALYTIQUE D'UN ASSEMBLAGE DE TUBES COLLÉS

3.1. Formulation analytique dans le cas $\sigma_{rr}=0$

3.1.1. Introduction

Tous les travaux ont montré les difficultés rencontrées dans la modélisation du champ des contraintes au voisinage des extrémités du recouvrement. La méthode d'obtention du champ optimal pour ce type d'assemblage consiste en :
- la construction d'un champ statiquement admissible
- le calcul de l'énergie potentielle associée à ce champ des contraintes
- la minimisation de cette énergie par le calcul variationnel
- la résolution de l'équation différentielle obtenue

3.1.2. Définitions géométriques. Hypothèses

Pour cette étude nous considérons un assemblage de tubes collés soumis à un chargement de traction dont les caractéristiques géométriques sont représentées Figure 6 :

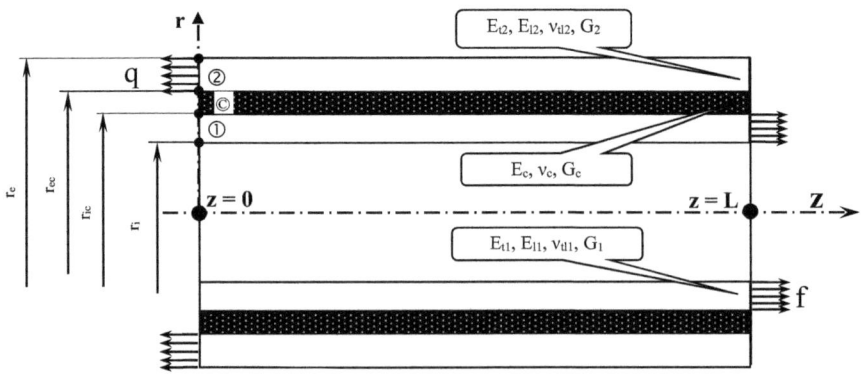

Figure 6. Schéma de l'assemblage collé.

Avec les notations suivantes :
- E_c, ν_c, module de Young et coefficient de Poisson de l'adhésif ©,
- E_{t1}, E_{l1}, ν_{tl1}, modules transverse et longitudinal et coefficient de Poisson du tube intérieur,
- E_{2t}, E_{2l}, ν_{tl2}, modules transverse et longitudinal et coefficient de Poisson du tube extérieur,
- r_i, r_{ic}, rayons intérieur et extérieur du tube intérieur,
- r_{ec}, r_e, rayons intérieur et extérieur du tube extérieur,
- L, longueur de recouvrement,
- f et q, contraintes de traction suivant l'axe z, respectivement sur le tube intérieur et sur le tube extérieur.

Les contraintes dans le différents matériaux seront repérées par l'indice (i), (i = ① pour le tube intérieur, © pour la colle et ② pour le tube extérieur).

Pour la construction du champ statiquement admissible, nous adopterons les hypothèses suivantes :

- La contrainte radiale est nulle dans tout l'assemblage : $\sigma_{rr} = 0$, (3.1)

  Cette hypothèse ne nuit pas à la détermination des contraintes de cisaillement. De plus, la flexion des substrats étant empêchée par leur raideur circonférentielle, les contraintes prépondérantes sont les contraintes de cisaillement et les contraintes orthoradiales.

- La symétrie de révolution impose la nullité des contraintes de cisaillement soit : $\tau_{r\theta} = \tau_{z\theta} = 0$ (3.2)

- La contrainte normale dans l'adhésif sera négligée soit : $\sigma_{zz}^{(©)} = 0$ (3.3)

- Les contraintes normales axiales seront uniquement fonction de la variable z.

Le champ des contraintes est donc réduit aux composantes suivantes :

- Pour la tube intérieur (①) : $\sigma_{zz}^{(1)}(z)$, $\tau_{rz}^{(1)}(r,z), \sigma_{\theta\theta}^{(1)}(r,z)$ (3.4)
- Pour l'adhésif (©) : $\sigma_{\theta\theta}^{(©)}(z), \tau_{rz}^{(©)}(r,z)$ (3.5)
- Pour le tube extérieur (②) : $\sigma_{zz}^{(2)}(z)$, $\tau_{rz}^{(2)}(r,z), \sigma_{\theta\theta}^{(2)}(r,z)$ (3.6)

3.1.3. Expressions des contraintes dans l'assemblage collé

En introduisant les hypothèses précédemment posées, les équations d'équilibre en coordonnées cylindriques s'écrivent sous la forme :

$$\frac{\partial \sigma_{rr}}{\partial r} + \frac{1}{r}\frac{\partial \tau_{r\theta}}{\partial \theta} + \frac{\partial \tau_{rz}}{\partial z} + \frac{\sigma_{rr} - \sigma_{\theta\theta}}{r} = 0 \qquad (3.7)$$

$$\frac{\partial \tau_{rz}}{\partial r} + \frac{1}{r}\frac{\partial \tau_{\theta z}}{\partial \theta} + \frac{\partial \sigma_{zz}}{\partial z} + \frac{\tau_{rz}}{r} = 0 \qquad (3.8)$$

et en utilisant les hypothèses précédemment mentionnées, ces équations se réduisent à :

$$-\frac{1}{r}\sigma_{\theta\theta} + \frac{\partial \tau_{rz}}{\partial z} = 0 \qquad (3.9)$$

$$\frac{\partial \tau_{rz}}{\partial r} + \frac{1}{r}\tau_{rz} + \frac{\partial \sigma_{zz}}{\partial z} = 0 \qquad (3.10)$$

En écrivant l'équilibre de l'assemblage, nous obtenons la relation permettant de relier les deux chargements f et q aux contraintes normales, soit en considérant l'hypothèse (3.3) : $\left(r_{ic}^2 - r_i^2\right)\sigma_{zz}^{(1)} + \underbrace{\left(r_{ec}^2 - r_{ic}^2\right)\sigma_{zz}^{(C)}}_{=0} + \left(r_e^2 - r_{ec}^2\right)\sigma_{zz}^{(2)} = \left(r_{ic}^2 - r_i^2\right)f = \left(r_e^2 - r_{ec}^2\right)q$ (3.11)

- Dans le tube intérieur (①) :

L'écriture de l'équilibre d'une section élémentaire de longueur du tube, Figure 7, nous permet d'exprimer les contraintes de cisaillement $\tau_{rz}^{(1)}$:

$$-\sigma_{zz}^{(1)}(z)\pi(r^2 - r_i^2) + \sigma_{zz}^{(1)}(z+dz)\pi(r^2 - r_i^2) + \tau_{rz}^{(1)}(r,z)2\pi r dz = 0 \qquad (3.12)$$

$$\tau_{rz}^{(1)}(r,z)2\pi r\, dz = \sigma_{zz}^{(1)}(z+dz)\pi(r^2 - r_i^2) - \sigma_{zz}^{(1)}(z)\pi(r^2 - r_i^2) \qquad (3.13)$$

$$\tau_{rz}^{(1)}(r,z) = \frac{-\sigma_{zz}^{(1)}(z+dz)\pi(r^2 - r_i^2) + \sigma_{zz}^{(1)}(z)\pi(r^2 - r_i^2)}{2\pi\, r\, dz} \qquad (3.14)$$

$$\tau_{rz}^{(1)}(r,z) = \frac{\pi(r_i^2 - r^2)\overbrace{\left[\sigma_{zz}^{(1)}(z+dz) - \sigma_{zz}^{(1)}(z)\right]}^{d\sigma_{zz}^{(1)}}}{2\pi\, r\, dz} \qquad (3.15)$$

$$\tau_{rz}^{(1)}(r,z) = \frac{\left(r_i^2 - r^2\right)}{2r}\frac{d\sigma_{zz}^{(1)}}{dz} \qquad (3.16)$$

A partir de l'expression (3.16) et de l'équation d'équilibre (3.9), nous exprimons directement la contrainte orthoradiale dans le matériau ① :

$$-\frac{1}{r}\sigma_{\theta\theta}^{(1)}(r,z)+\frac{\partial \tau_{rz}^{(1)}(r,z)}{\partial z}=0 \qquad (3.17)$$

$$-\frac{1}{r}\sigma_{\theta\theta}^{(1)}(r,z)+\frac{\partial\left(\frac{\left(r_i^2-r^2\right)}{2r}\frac{d\sigma_{zz}^{(1)}}{dz}\right)}{\partial z}=0 \qquad (3.18)$$

$$-\frac{1}{r}\sigma_{\theta\theta}^{(1)}(r,z)+\frac{\left(r_i^2-r^2\right)}{2r}\frac{\partial\left(\frac{d\sigma_{zz}^{(1)}}{dz}\right)}{\partial z}=0 \qquad (3.19)$$

$$\sigma_{\theta\theta}^{(1)}(r,z)=\frac{r\left(r_i^2-r^2\right)}{2r}\frac{\partial\left(\frac{d\sigma_{zz}^{(1)}}{dz}\right)}{\partial z} \qquad (3.20)$$

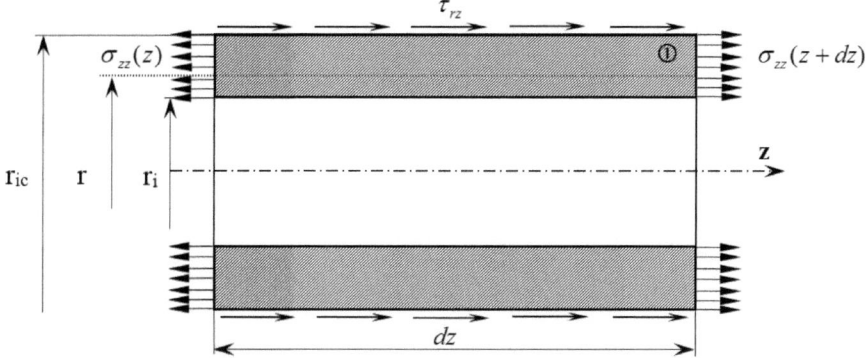

Figure 7. Equilibre d'une section élémentaire du tube intérieur, $r \in [r_i, r_{ic}]$.

$$\sigma_{\theta\theta}^{(1)}(r,z)=\frac{\left(r_i^2-r^2\right)}{2}\frac{d^2\sigma_{zz}^{(1)}}{dz^2} \qquad (3.21)$$

- <u>Dans la colle ©</u> :

A l'aide de l'équation d'équilibre et de la condition de continuité de la contrainte de cisaillement pour $r = r_{ic}$, nous obtenons l'expression des contraintes de cisaillement $\tau_{rz}^{(c)}$:

$$\frac{\partial \tau_{rz}(r,z)}{\partial r} + \frac{1}{r}\tau_{rz}(r,z) + \frac{\partial \sigma_{zz}(z)}{\partial z} = 0, \quad \tau_{rz}^{(c)}(r_{ic},z) = \tau_{rz}^{(1)}(r_{ic},z) \tag{3.22}$$

$$\tau_{rz}^{(c)}(r,z) = \frac{\left(r_i^2 - r_{ic}^2\right)}{2r}\frac{d\sigma_{zz}^{(1)}}{dz} \tag{3.23}$$

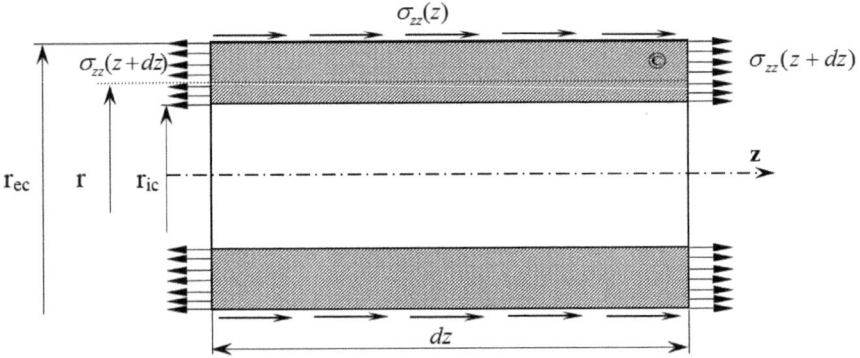

Figure 8. Equilibre d'une section élémentaire du tube de colle, $r \in [r_{ic}, r_{ec}]$.

L'expression de la contrainte orthoradiale de la colle se déduit de la même manière que pour le matériau ① soit :

$$\sigma_{\theta\theta}^{(c)}(z) = \frac{\left(r_i^2 - r_{ic}^2\right)}{2}\frac{d^2\sigma_{zz}^{(1)}}{dz^2} \tag{3.24}$$

- Dans le tube extérieur (②) :

L'expression de la contrainte $\sigma_{zz}^{(2)}$ est déterminée à partir de l'équation (3.11) soit :

$$\sigma_{zz}^{(2)}(z) = \frac{\left(r_{ic}^2 - r_i^2\right)}{(r_e^2 - r_{ec}^2)}(f - \sigma_{zz}^{(1)}) \tag{3.25}$$

L'expression de la contrainte de cisaillement dans le tube extérieur Figure 9, peut être déterminée de deux façons, soit en considérant l'équilibre d'une section de tube, soit à l'aide de l'équation d'équilibre (3.10) et de la condition de continuité de cette même contrainte à l'interface avec la colle.

Ces deux méthodes aboutissent à la même expression :

$$\tau_{rz}^{(2)}(r,z) = \frac{\left(r_e^2 - r^2\right)\left(r_{ic}^2 - r_i^2\right)}{2r(r_{ec}^2 - r_e^2)}\frac{d\sigma_{zz}^{(1)}}{dz} \tag{3.26}$$

La contrainte orthoradiale s'obtient immédiatement à partir de l'équation (3.10) et de la condition de continuité de la même contrainte et s'écrit :

$$\sigma_{\theta\theta}^{(2)}(r,z) = \frac{\left(r_e^2 - r^2\right)\left(r_{ic}^2 - r_i^2\right)}{2(r_{ec}^2 - r_e^2)} \frac{d^2\sigma_{zz}^{(1)}}{dz^2} \tag{3.27}$$

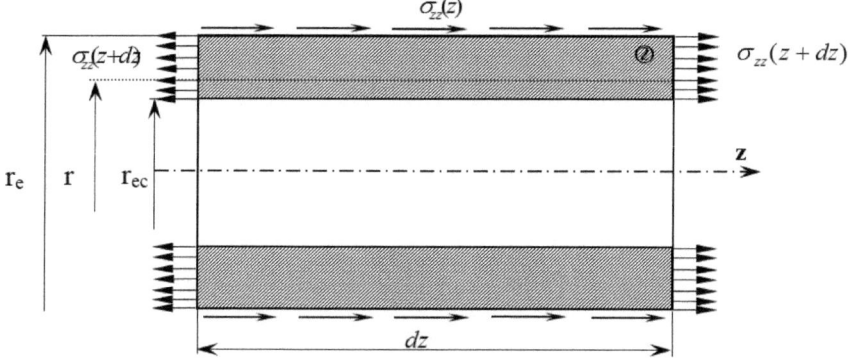

Figure 9. Equilibre d'une section élémentaire du tube extérieur, $r \in [r_{ec}, r_e]$.

Le champ est entièrement déterminé et ses composantes s'écrivent en fonction de la contrainte normale $\sigma_{zz}^{(1)}(z)$:

$$\tau_{rz}^{(1)}(r,z) = \frac{\left(r_i^2 - r^2\right)}{2r} \frac{d\sigma_{zz}^{(1)}}{dz} \tag{3.28}$$

$$\sigma_{\theta\theta}^{(1)}(r,z) = \frac{\left(r_i^2 - r^2\right)}{2} \frac{d^2\sigma_{zz}^{(1)}}{dz^2} \tag{3.29}$$

$$\sigma_{zz}^{(c)}(z) = 0 \tag{3.30}$$

$$\tau_{rz}^{(c)}(r,z) = \frac{\left(r_i^2 - r_{ic}^2\right)}{2r} \frac{d\sigma_{zz}^{(1)}}{dz} \tag{3.31}$$

$$\sigma_{\theta\theta}^{(c)}(z) = \frac{\left(r_i^2 - r_{ic}^2\right)}{2} \frac{d^2\sigma_{zz}^{(1)}}{dz^2} \tag{3.32}$$

$$\sigma_{zz}^{(2)}(z) = \frac{\left(r_{ic}^2 - r_i^2\right)}{\left(r_e^2 - r_{ec}^2\right)} (f - \sigma_{zz}^{(1)}) \tag{3.33}$$

$$\tau_{rz}^{(2)}(r,z) = \frac{\left(r_e^2 - r^2\right)\left(r_{ic}^2 - r_i^2\right)}{2r(r_{ec}^2 - r_e^2)} \frac{d\sigma_{zz}^{(1)}}{dz} \tag{3.34}$$

$$\sigma_{\theta\theta}^{(2)}(r,z) = \frac{\left(r_e^2 - r^2\right)\left(r_{ic}^2 - r_i^2\right)}{2(r_{ec}^2 - r_e^2)} \frac{d^2\sigma_{zz}^{(1)}}{dz^2} \quad (3.35)$$

Remarques : *La contrainte orthoradiale dans la colle est indépendante de la variable r. Ceci est dû à la nullité de la contrainte normale*

On peut remarquer que bien que cela ne soit pas nécessaire, la contrainte orthoradiale est continue au passage des interfaces avec l'adhésif. Cette continuité résulte des hypothèses de départ qui supposent nulles les contraintes radiales.

Pour la suite du problème nous devons recenser les conditions aux limites aux bords en $z = 0$ et $z = L$. Elles s'écrivent de la façon suivante :

- Pour $z = 0$: $\sigma_{zz}^{(1)}(0) = q$ $\quad \tau_{rz}^{(c)}(r,0) = 0$ $\quad$ (3.36)
- Pour $z = L$: $\sigma_{zz}^{(1)}(L) = 0$ $\quad \tau_{rz}^{(c)}(r,L) = 0$ $\quad$ (3.37)

Soit en considérant l'écriture des contraintes précédente :

- Pour $z = 0$: $\sigma_{zz}^{(1)}(z=0) = q$ $\quad \dfrac{d\sigma_{zz}^{(1)}}{dz}(z=0) = 0$ $\quad$ (3.38)
- Pour $z = L$: $\sigma_{zz}^{(1)}(z=L) = 0$ $\quad \dfrac{d\sigma_{zz}^{(1)}}{dz}(z=L) = 0$ $\quad$ (3.39)

Où : $q = \dfrac{\left(r_{ic}^2 - r_i^2\right)}{\left(r_e^2 - r_{ec}^2\right)} f$ $\quad$ (3.40)

3.1.4. Calcul de l'énergie de déformation

Les tubes étant considérés isotropes transverses et la colle étant isotrope, l'énergie potentielle élastique du champ de contrainte précédente appliquée sur une longueur de collage L s'écrit :

$$\xi = \xi_1 + \xi_c + \xi_2 \quad (3.41)$$

$$\xi = \frac{1}{2}\int_V \sigma\varepsilon \, dV \quad (3.42)$$

$$\xi_p = \pi \int_0^L \int_{r_i}^{r_{ic}} \left[\frac{\sigma_{\theta\theta}^{(1)2}}{E_{1t}} + \frac{\sigma_{zz}^{(1)2}}{E_{1l}} - \frac{2\nu_{tl1}}{E_{1t}} \sigma_{zz}^{(1)} \sigma_{\theta\theta}^{(1)} + \frac{\tau_{rz}^{(1)2}}{G_1} \right] r\, dr\, dz + \pi \int_0^L \int_{r_{ic}}^{r_{ec}} \left[\frac{\sigma_{\theta\theta}^{(c)2}}{E_c} + \frac{2(1+\nu_c)}{E_c} \tau_{rz}^{(c)2} \right] r\, dr\, dz +$$

$$+ \pi \int_0^L \int_{r_{ec}}^{r_e} \left[\frac{\sigma_{\theta\theta}^{(2)2}}{E_{2t}} + \frac{\sigma_{zz}^{(2)2}}{E_{2l}} - \frac{2\nu_{tl2}}{E_{2t}} \sigma_{zz}^{(2)} \sigma_{\theta\theta}^{(2)} + \frac{\tau_{rz}^{(2)2}}{G_2} \right] r\, dr\, dz \tag{3.43}$$

Nous reportons ensuite les expressions des contraintes ((3.28), (3.29), (3.30), (3.31), (3.32), (3.33), (3.34), (3.35)) et nous obtenons après intégration suivant le rayon r, l'expression de l'énergie potentielle suivante :

$$\xi_p = \pi \int_0^L \underbrace{\left[A\sigma_{zz}^{(1)2} + B\sigma_{zz}^{(1)} \frac{d^2\sigma_{zz}^{(1)}}{dz^2} + C\left(\frac{d\sigma_{zz}^{(1)}}{dz}\right)^2 + D\sigma_{zz}^{(1)} + E\left(\frac{d^2\sigma_{zz}^{(1)}}{dz^2}\right)^2 + F\frac{d^2\sigma_{zz}^{(1)}}{dz^2} + K \right]}_{\Gamma} dz \tag{3.44}$$

où : A, B, C, D, E, F et K sont des constantes qui dépendent du chargement ainsi que des caractéristiques dimensionnelles et mécaniques des deux tubes et de l'adhésif. Les expressions de ces différentes constantes en fonction des caractéristiques géométriques et physiques de l'assemblage sont données par les expressions suivantes :

$$A = \frac{\left(r_{ic}^2 - r_i^2\right)}{2} \left[\frac{1}{E_{1l}} + \frac{1}{E_{2l}} \frac{\left(r_{ic}^2 - r_i^2\right)}{\left(r_e^2 - r_{ec}^2\right)} \right] \tag{3.45}$$

$$B = \frac{\left(r_{ic}^2 - r_i^2\right)^2}{4} \left(\frac{\nu_{tl1}}{E_{1t}} - \frac{\nu_{tl2}}{E_{2t}} \right) \tag{3.46}$$

$$C = \frac{1}{16G_1} \left[4r_i^4 \ln\left(\frac{r_{ic}}{r_i}\right) - 4r_i^2\left(r_{ic}^2 - r_i^2\right) + \left(r_{ic}^4 - r_i^4\right) \right] + \frac{1+\nu_c}{2E_c} \left(r_{ic}^2 - r_i^2\right)^2 \ln\left(\frac{r_{ec}}{r_{ic}}\right) +$$
$$+ \frac{1}{16G_2} \frac{\left(r_{ic}^2 - r_i^2\right)^2}{\left(r_e^2 - r_{ec}^2\right)^2} \left[4r_e^4 \ln\left(\frac{r_e}{r_{ec}}\right) - 4r_e^2\left(r_e^2 - r_{ec}^2\right) + \left(r_e^4 - r_{ec}^4\right) \right] \tag{3.47}$$

$$D = -\frac{f}{E_{2l}} \frac{\left(r_{ic}^2 - r_i^2\right)^2}{\left(r_e^2 - r_{ec}^2\right)} \tag{3.48}$$

$$E = \frac{\left(r_{ic} - r_i\right)^3 \left(r_{ic} + r_i\right)^3}{24 E_{1t}} + \frac{\left(r_{ic}^2 - r_i^2\right)^2 \left(r_{ec}^2 - r_{ic}^2\right)}{8 E_c} + \frac{\left(r_{ic}^2 - r_i^2\right)^2}{\left(r_e^2 - r_{ec}^2\right)^2} \frac{\left(r_e - r_{ec}\right)^3 \left(r_e + r_{ec}\right)^3}{24 E_{2t}} \tag{3.49}$$

$$F = \frac{\nu_{tl2} f \left(r_{ic}^2 - r_i^2\right)^2}{4 E_{2t}} \tag{3.50}$$

$$K = \frac{f^2}{2 E_{2l}} \frac{\left(r_{ic}^2 - r_i^2\right)^2}{\left(r_e^2 - r_{ec}^2\right)} \tag{3.51}$$

En effectuant un calcul variationnel sur l'expression de l'énergie et en prenant en compte les conditions aux limites en z = 0 et z = L, nous obtenons que l'énergie complémentaire soit minimale lorsque $\sigma_{zz}^{(1)}(z)$ est solution de l'équation différentielle :

$$E\frac{d^4\sigma_{zz}^{(1)}(z)}{dz^4} + (B-C)\frac{d^2\sigma_{zz}^{(1)}(z)}{dz^2} + A\sigma_{zz}^{(1)}(z) + \frac{D}{2} = 0 \qquad (3.52)$$

3.1.5. Étude des assemblages collés. Analyse des résultats

Toutes les applications numériques développées seront présentées de la même façon, à savoir :
- utilisation des configurations présentées dans l'annexe 5, et du flux des efforts définis au niveau de la Figure 10,
- présentation des graphiques représentant la distribution de contraintes.

Dans un second temps, nous analysons l'influence des différents paramètres ayant une incidence sur l'intensité et sur la distribution du champ des contraintes. Cette analyse sera réduite à l'étude de l'influence des paramètres suivants : l'épaisseur de la colle, la longueur de recouvrement, le module élastique de la colle et la rigidité relative des tubes E_2/E_1.

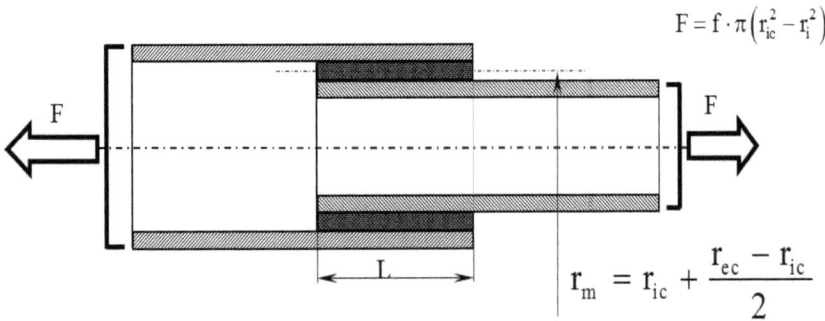

Figure 10. Définition de l'effort de traction.

3.1.5.1. Distribution de contraintes

Les figures 11 à 19 montrent les distributions des contraintes dans la colle pour les configurations analysées, soit les distributions des contraintes orthoradiale et de cisaillement. Nous remarquons que :
- pour $\sigma_{\theta\theta}$, les valeurs maximales sont obtenues sur les bords libres ($z = 0$, $z = L$). Ces maximums sont très localisés aux bords, cependant, la contrainte $\sigma_{\theta\theta max}$ maximale est obtenue en compression,
- pour τ_{rz}, on relève deux pics de contraintes situés à égale distance des deux bords libres. Les pics n'ont pas la même intensité à cause de la différence des rigidités des deux tubes collés.

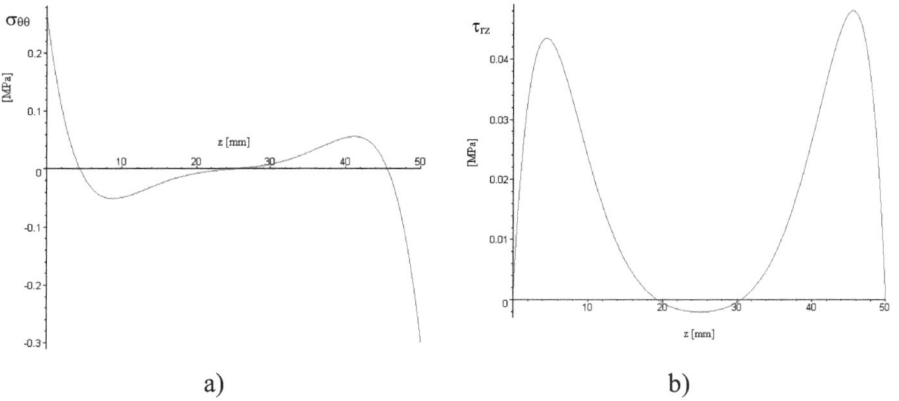

a)   b)

Figure 11. La distribution des contraintes dans l'assemblage
TA 6V-AV 119-TA 6V, pour f = 1 MPa :
a) La contrainte orthoradiale ($\sigma_{\theta\theta}$) dans la colle ;
b) La contrainte de cisaillement (τ_{rz}) dans la colle.

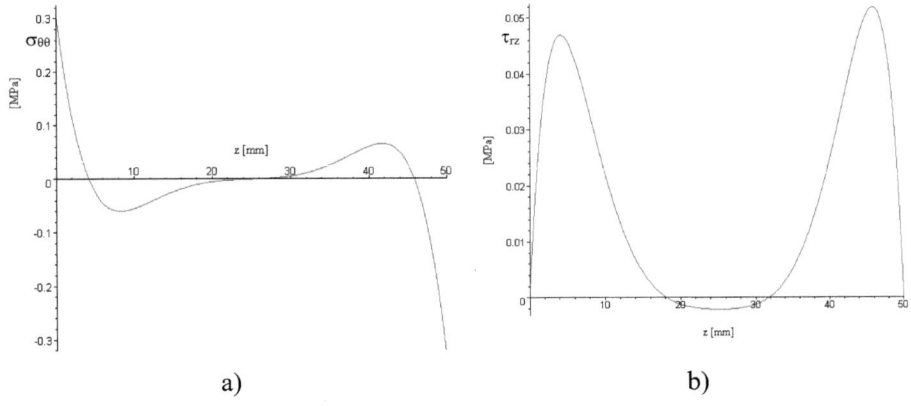

Figure 12. La distribution des contraintes dans l'assemblage
AU 4G-AV 119-AU 4G, pour f = 1 MPa :
a) La contrainte orthoradiale ($\sigma_{\theta\theta}$) dans la colle ;
b) La contrainte de cisaillement (τ_{rz}) dans la colle.

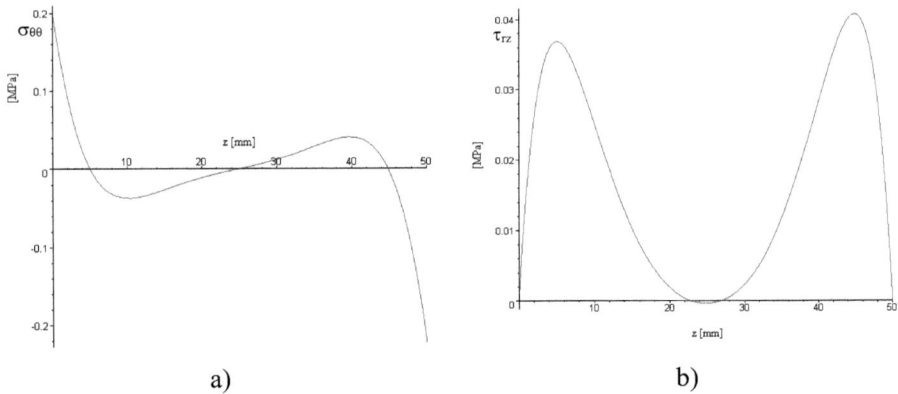

Figure 13. La distribution des contraintes dans l'assemblage
Acier-AV 119-Acier, pour f = 1 MPa :
a) La contrainte orthoradiale ($\sigma_{\theta\theta}$) dans la colle ;
b) La contrainte de cisaillement (τ_{rz}) dans la colle.

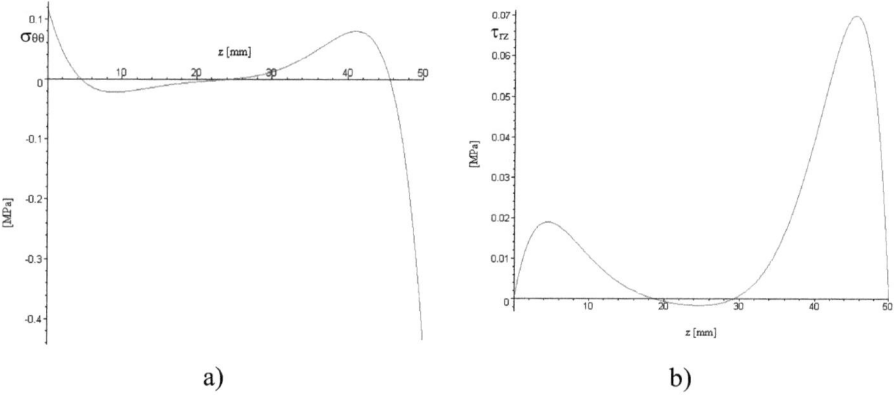

a) b)

Figure 14. La distribution des contraintes dans l'assemblage
Acier-AV 119-AU 4G, pour f = 1 MPa :

a) La contrainte orthoradiale ($\sigma_{\theta\theta}$) dans la colle ;

b) La contrainte de cisaillement (τ_{rz}) dans la colle.

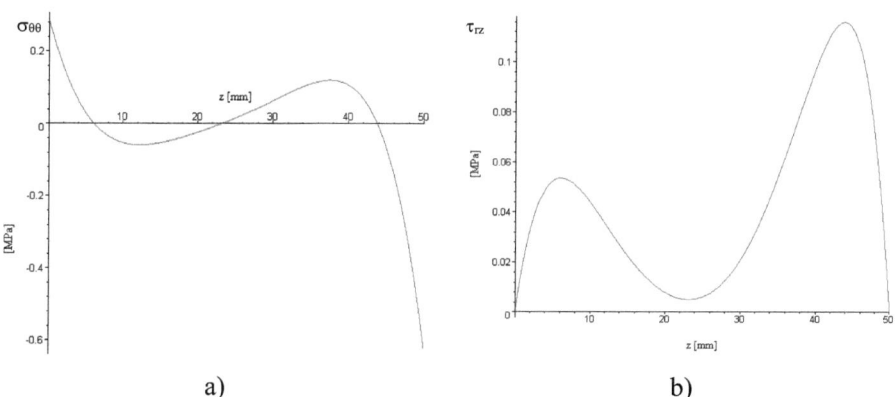

a) b)

Figure 15. La distribution des contraintes dans l'assemblage
VE ±55°-AV 119-VE ±45°, pour f = 1 MPa :

a) La contrainte orthoradiale ($\sigma_{\theta\theta}$) dans la colle ;

b) La contrainte de cisaillement (τ_{rz}) dans la colle.

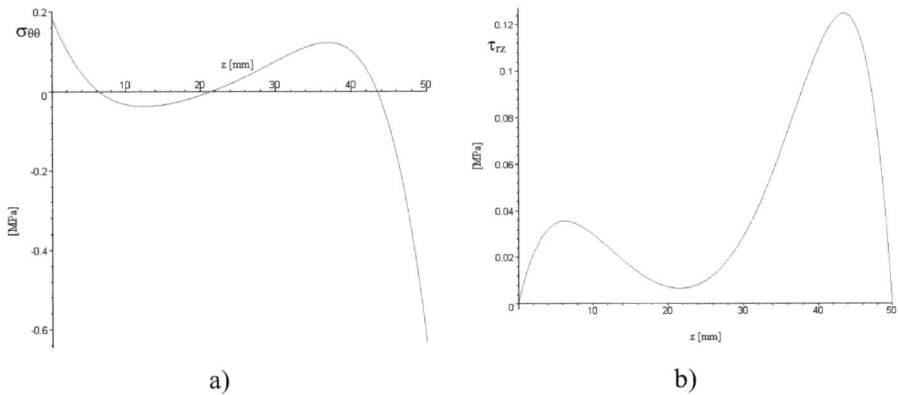

a)   b)

Figure 16. La distribution des contraintes dans l'assemblage
CE ±55°-AV 119-CE ±45°, pour f = 1 MPa :
a) La contrainte orthoradiale ($\sigma_{\theta\theta}$) dans la colle ;
b) La contrainte de cisaillement (τ_{rz}) dans la colle.

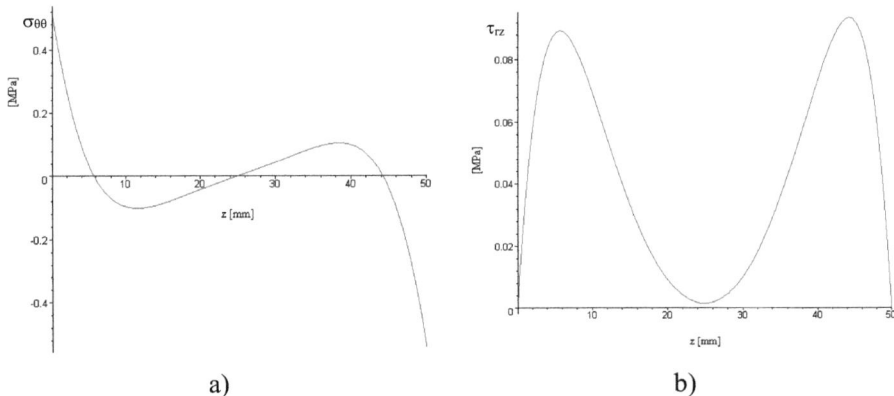

a)   b)

Figure 17. La distribution des contraintes dans l'assemblage
VE ±45°-AV 119-CE ±45°, pour f = 1 MPa :
a) La contrainte orthoradiale ($\sigma_{\theta\theta}$) dans la colle ;
b) La contrainte de cisaillement (τ_{rz}) dans la colle.

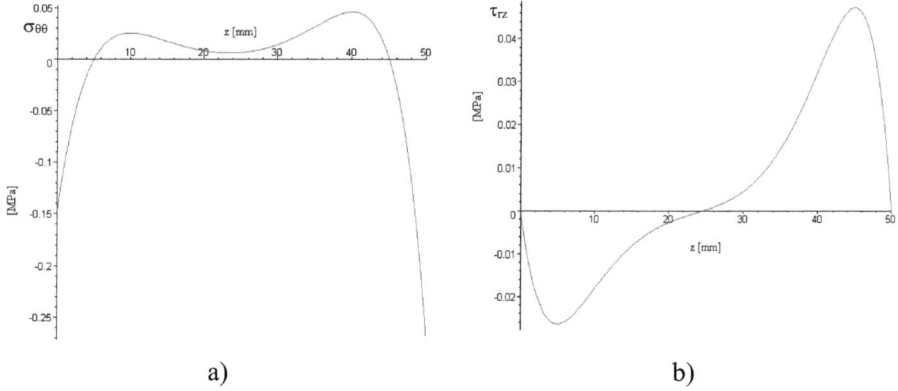

Figure 18. La distribution des contraintes dans l'assemblage
AU 4G-AV 119-VE ±45°, pour f = 1 MPa :
a) La contrainte orthoradiale ($\sigma_{\theta\theta}$) dans la colle ;
b) La contrainte de cisaillement (τ_{rz}) dans la colle.

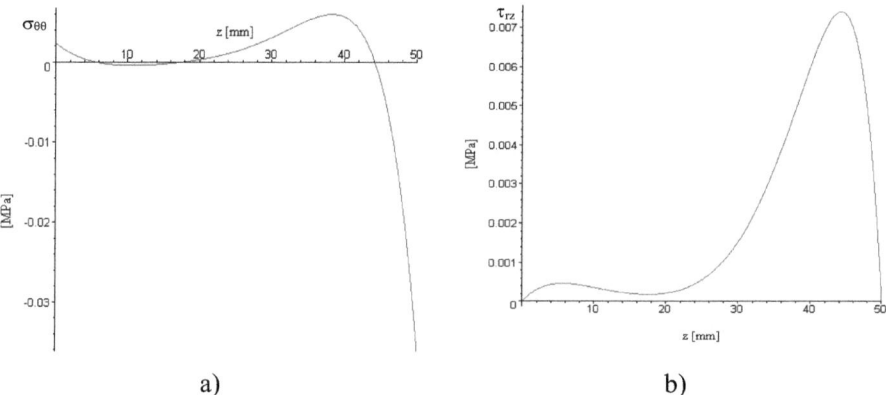

Figure 19. La distribution des contraintes dans l'assemblage
TA 6V-AV 119-CE 90°/ ±17.2°, pour f = 1 MPa :
a) La contrainte orthoradiale ($\sigma_{\theta\theta}$) dans la colle ;
b) La contrainte de cisaillement (τ_{rz}) dans la colle.

Après l'analyse de ces distributions nous pouvons constater que les contraintes orthoradiales sont plus importantes que les contraintes de cisaillement, donc l'utilisation d'un critère de rupture du joint collé doit prendre en compte non seulement la contrainte de cisaillement τ_{rz} mais aussi la contrainte orthoradiale $\sigma_{\theta\theta}$.

3.1.5.2. Étude paramétrique

Dans ce paragraphe nous réalisons l'analyse de l'influence de divers paramètres (longueur de recouvrement, rigidités, épaisseur de la colle) sur la distribution des contraintes dans la colle.

3.1.5.2.1. Influence de la longueur de recouvrement

Lors de l'étude sur l'influence des paramètres géométriques de l'adhésif, nous remarquons que pour des joints présentant une longueur de recouvrement relativement faible, les contraintes de cisaillement adoptent un profil parabolique avec des maximas au milieu du recouvrement.

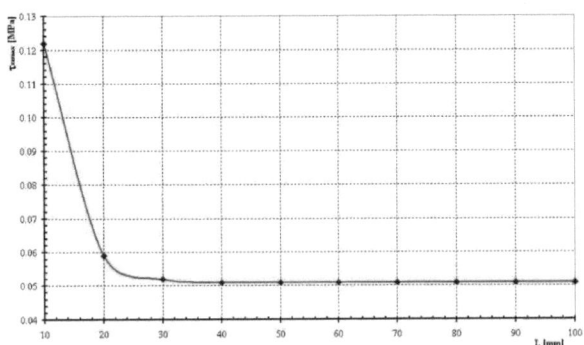

Figure 20. La distribution de $\tau_{rz\,max}$ en fonction de la longueur de recouvrement (f = 1 MPa).

Cette remarque est formulée aussi par Shi et Cheng [27], alors que les distributions obtenues par Lubkin [28] et Adams [26] affichent des pics au niveau des bords libres.

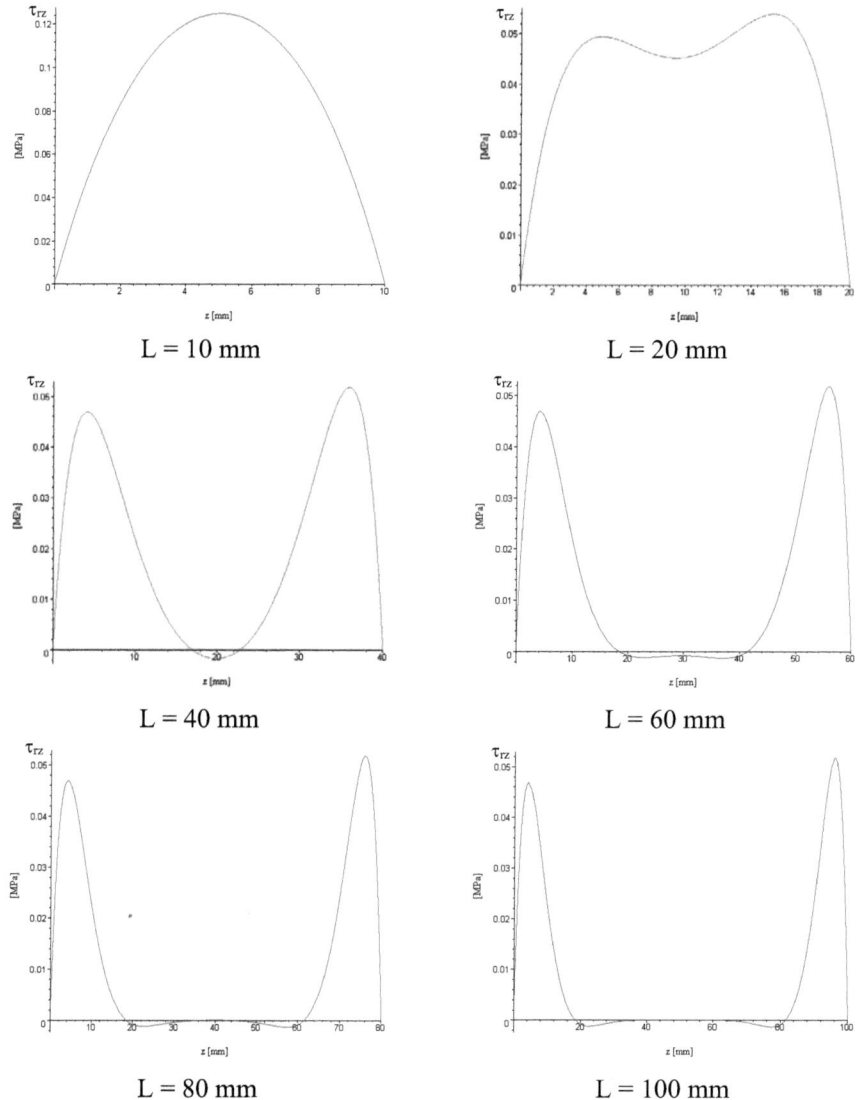

Figure 21. Variation de τ_{rz} en fonction de la longueur de recouvrement pour $f = 1$ MPa, pour un assemblage AU 4G-AV 119-AU 4G.

Les figures 21 et 22 montrent que la longueur de recouvrement a un effet non négligeable sur la distribution des contraintes de cisaillement et orthoradiale. Nous pouvons remarquer qu'il existe une longueur optimale au-delà de laquelle les contraintes maximales n'évoluent plus, voire Figure 20.

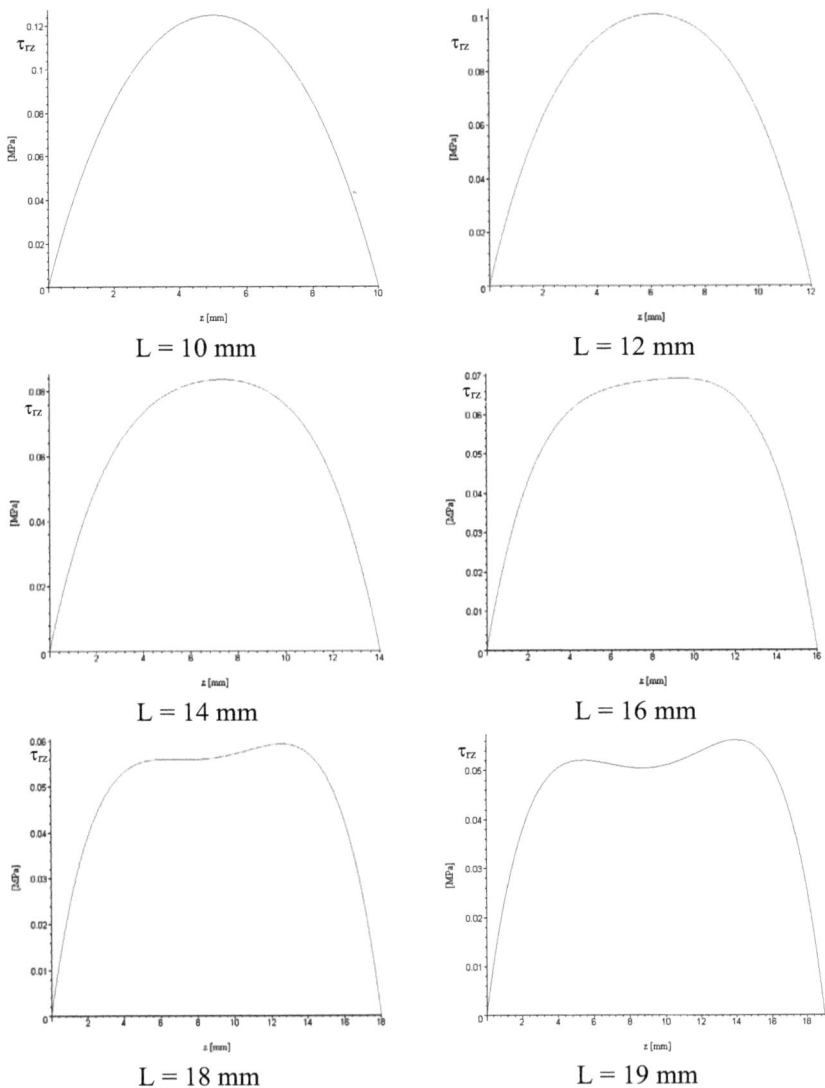

Figure 22. Variation de τ_{rz} en fonction de la longueur de recouvrement pour f = 1 MPa, pour un assemblage AU 4G-AV 119-AU 4G.

On note aussi que lorsque la longueur de recouvrement dépasse la valeur optimale une partie de celle-ci n'est plus sollicitée. En augmentant progressivement la longueur de recouvrement nous avons observé :
- la réduction des valeurs de la contrainte de cisaillement au milieu du joint,
- le déplacement des pics de contraintes vers les bords libres.

3.1.5.2.2. Influence des rigidités dans l'assemblage

La Figure 23 représente l'influence du module élastique de la colle sur la contrainte de cisaillement dans la colle.

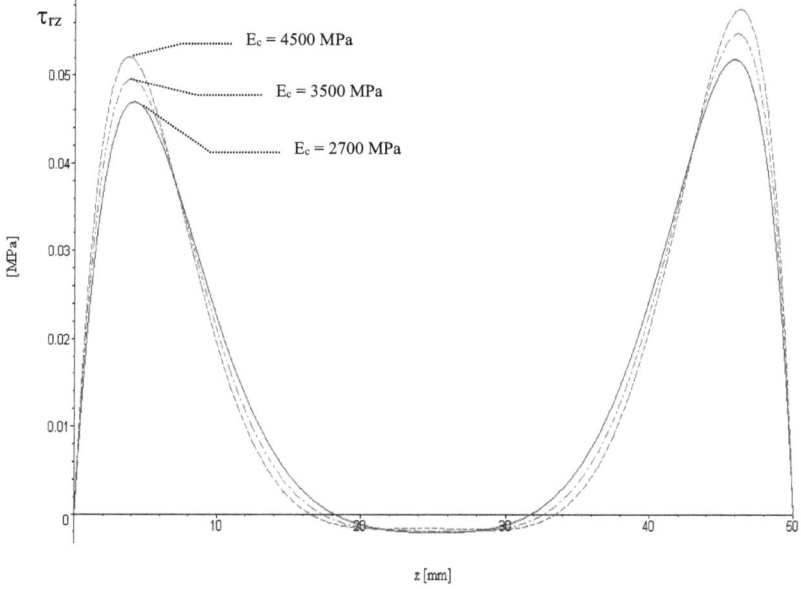

Figure 23. Variation de la contrainte de cisaillement (τ_{rz}) en fonction du module élastique de la colle : E_c = 2700 MPa, E_c = 3500 MPa, E_c = 4500 MPa pour un assemblage AU 4G-Colle-AU 4G.

Nous pouvons observer que les valeurs des pics augmentent légèrement lorsque le module élastique croît. Pour une augmentation de 60% du module élastique nous avons une augmentation de seulement 13% de la contrainte de cisaillement.

L'influence de la rigidité relative, entre les deux tubes collés, est illustrée Figure 24. On peut remarquer que les valeurs des pics sur les deux bords ne sont plus égales si le rapport E_2/E_1 est différent de 1. Le pic maximal se déplace d'un bord libre à l'autre en fonction du rapport E_2/E_1 ($E_2/E_1 = 0.5$ - le pic maximal est sur le bord 2 ; $E_2/E_1 = 2$ - le pic maximal est sur le bord 1).

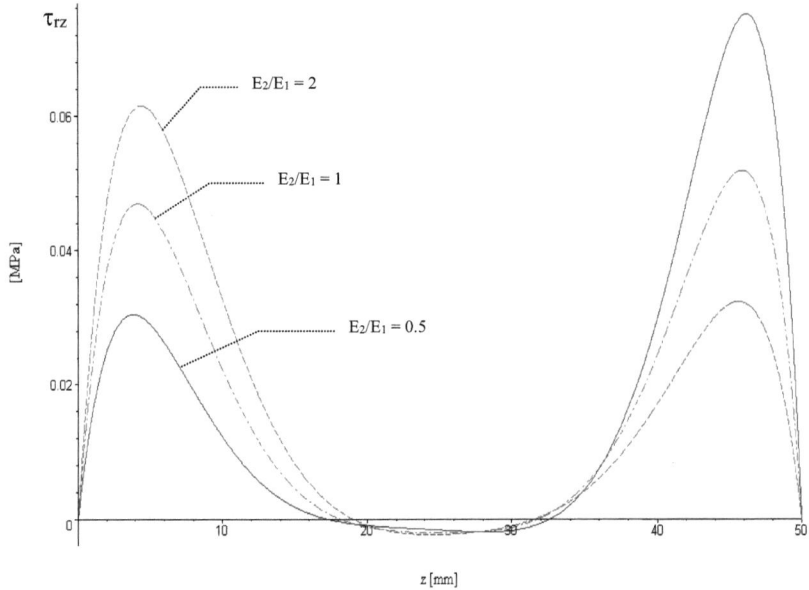

Figure 24. Variation de la contrainte de cisaillement (τ_{rz}) en fonction de la rigidité relative : $E_2/E_1 = 0.5$, $E_2/E_1 = 1$, $E_2/E_1 = 2$.

I.1.5.2.3. Influence de l'épaisseur de colle

Les figures 25 et 26 montrent l'influence de l'épaisseur de colle sur la distribution et sur l'intensité des contraintes de cisaillement et orthoradiales.

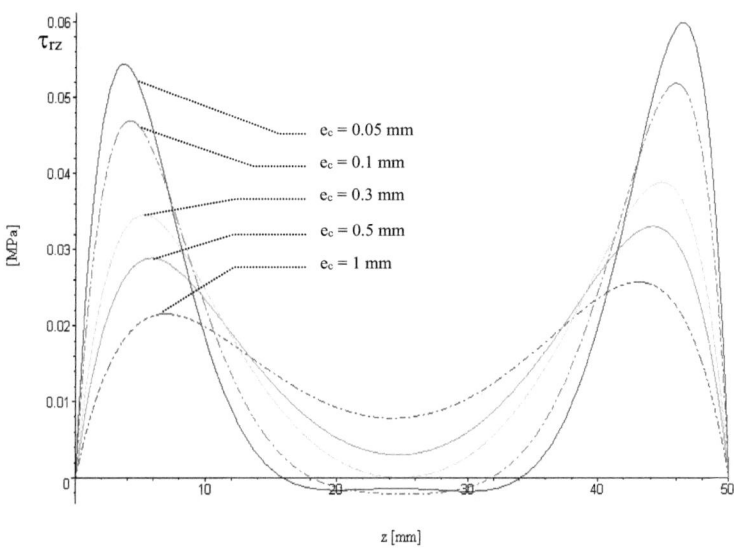

Figure 25. Variation de la contrainte de cisaillement (τ_{rz}) en fonction de l'épaisseur de colle : $e_c = 0.05$ mm, $e_c = 0.1$ mm, $e_c = 0.3$ mm, $e_c = 0.5$ mm, $e_c = 1$ mm, pour un assemblage AU 4G-AV 119-AU 4G.

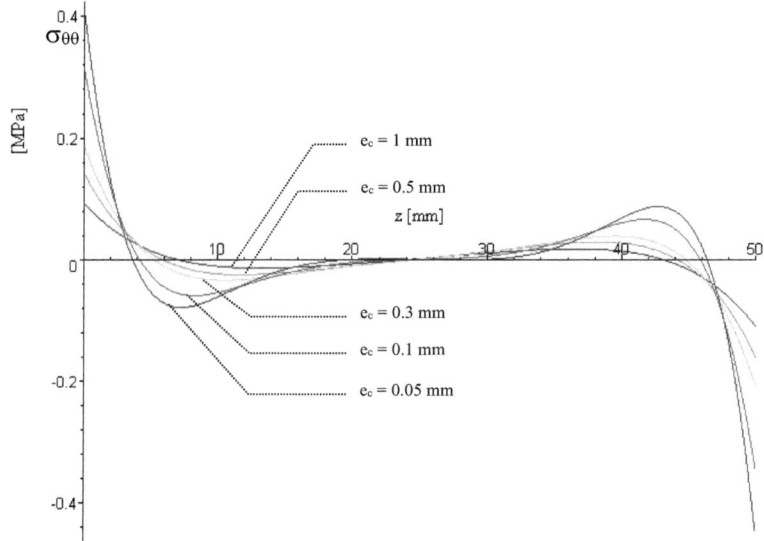

Figure 26. Variation de la contrainte orthoradiale ($\sigma_{\theta\theta}$) en fonction de l'épaisseur de colle : $e_c = 0.05$ mm, $e_c = 0.1$ mm, $e_c = 0.3$ mm, $e_c = 0.5$ mm, $e_c = 1$ mm, pour un assemblage AU 4G-AV 119-AU 4G.

On peut remarquer que l'augmentation de l'épaisseur de la colle réduit la valeur des contraintes.

3.1.6. Conclusions partielles

Il ressort de l'analyse des résultats obtenus dans le paragraphe 3.1.5., les points suivants :
- les valeurs maximales de $\sigma_{\theta\theta}$ sont obtenues sur les bords libres et les extremums sont de l'ordre de 60% de la contrainte appliquée, de plus ils sont très localisés aux bords,
- concernant τ_{rz}, on relève deux pics de contraintes situés à égale distance des deux bords libres. La valeur maximale est d'environ 12% de la contrainte appliquée,
- les contraintes orthoradiales sont plus importantes que les contraintes de cisaillement, donc l'utilisation d'un critère de rupture du joint collé doit prendre en compte non seulement la contrainte de cisaillement τ_{rz} mais aussi la contrainte orthoradiale $\sigma_{\theta\theta}$
- il existe une longueur optimale au-delà de laquelle les contraintes maximales n'évoluent plus,
- les intensités des pics sont influencées par la différence des rigidités des deux tubes collés,
- les valeurs de ces pics augmentent légèrement lorsque le module élastique croît,
- la contrainte de cisaillement dans la colle augmente avec l'augmentation de la rigidité relative des tubes,
- plus on augmente l'épaisseur de colle, plus les valeurs des contraintes diminuent au niveau des bords libres et la distribution tend à être uniforme.

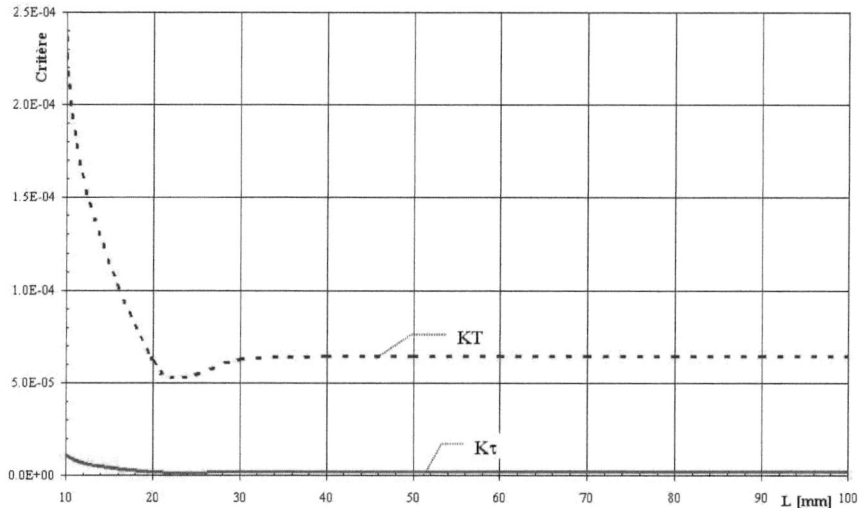

Figure 27. Variation de KT en fonction de la longueur de recouvrement pour un assemblage AU 4G-AV 119-AU 4G.

Nous pouvons établir un critère de rupture de type Hill-Tsai comme suit :

$$K_T = \underbrace{\left(\frac{\sigma_{\theta\theta}^{(c)}}{\sigma_R^{(c)}}\right)^2}_{K_\sigma} + \underbrace{\left(\frac{\tau_{rz}^{(c)}}{\tau_R^{(c)}}\right)^2}_{K_\tau} \qquad (3.53)$$

$K_\tau \ll K_\sigma$

$$K_T \to \begin{cases} \geq 1 \text{ - rupture} \\ < 1 \text{ - non rupture} \end{cases} \qquad (3.54)$$

La Figure 27 montre l'importance de la prise en compte des contraintes orthoradiales dans l'établissement d'un critère de rupture. On remarque que la prise en compte des contraintes orthoradiales est primordiale.

Après l'analyse des configurations proposées et de l'influence des paramètres géométriques et physiques sur le champ de contraintes nous pouvons observer que les assemblages composites collés ont le même comportement que les assemblages collés métalliques.

3.2. Formulation analytique dans le cas $\sigma_{rr} \neq 0$

3.2.1. Champ statiquement admissible

Pour cette étude nous considérerons le même assemblage de tubes collés soumis à un chargement de traction, représentés sur la Figure 28 :

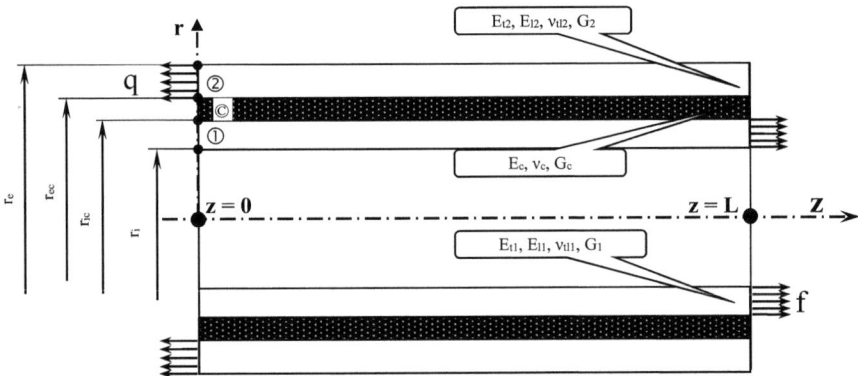

Figure 28. Définitions géométrique et matérielle du joint tubulaire.

Avec les notations suivantes :

- E_c, v_c, module de Young et coefficient de Poisson de l'adhésif c
- E_{t1}, E_{l1}, v_{tl1}, modules transverse et longitudinal et coefficient de Poisson du tube intérieur
- E_{2t}, E_{2l}, v_{tl2}, modules transverse et longitudinal et coefficient de Poisson du tube extérieur
- r_i, r_{ic}, rayons intérieur et extérieur du tube intérieur
- r_{ec}, r_e, rayons intérieur et extérieur du tube extérieur
- L, longueur de recouvrement
- f et q, contraintes de traction suivant l'axe z, respectivement sur le tube intérieur et sur le tube extérieur

Le tableau ci-dessous reprend les composantes du champ des contraintes utilisées ainsi que celles du champ des contraintes développées dans la bibliographie.

59

Tableau 1. Tableau comparatif des champs de contraintes.

Références	zones	σ_{zz}	$\sigma_{\theta\theta}$	σ_{rr}	τ_{rz}	$\tau_{\theta z}$
Armengaud [34] Nemeş et al. [71]	Colle	/	$\sigma_{\theta\theta}(r,z)$	/	$\tau_{rz}(r,z)$	/
	Substrats	$\sigma_{zz}(z)$	$\sigma_{\theta\theta}(r,z)$	/	$\tau_{rz}(r,z)$	/
Shi et Cheng [27]	Colle	/	$\sigma_{\theta\theta}(r,z)$	$\sigma_{rr}(r,z)$	$\tau_{rz}(r,z)$	/
	Substrats	$\sigma_{zz}(r,z)$	$\sigma_{\theta\theta}(r,z)$	$\sigma_{rr}(z)$	$\tau_{rz}(r,z)$	/
Lubkin et Reissner [28]	Colle	/	/	$\sigma_{rr}(z)$	$\tau_{rz}(z)$	/
	Substrats	$\sigma_{zz}(z)$	/	$\sigma_{rr}(z)$	$\tau_{rz}(z)$	/
Présent travaux	Colle	/	$\sigma_{\theta\theta}(z)$	$\sigma_{rr}(z)$	$\tau_{rz}(z)$	/
	Substrats	$\sigma_{zz}(z)$	$\sigma_{\theta\theta}(r,z)$	$\sigma_{rr}(r,z)$	$\tau_{rz}(z)$	/

Nous pouvons remarquer que seule les formulations d'Armengaud [34] et de Nemeş et al. [71] ne prennent pas en compte les contraintes radiales en les supposant nulles.

Les équations d'équilibre d'un volume élémentaire de l'assemblage collé de longueur dz sont :

$$\frac{\partial}{\partial r}[r\,\sigma_{rr}] + \frac{\partial}{\partial z}[r\,\tau_{rz}] = \sigma_{\theta\theta} \qquad (3.55)$$

$$\frac{\partial}{\partial r}[r\,\tau_{rz}] + \frac{\partial}{\partial z}[r\,\sigma_{zz}] = 0 \qquad (3.56)$$

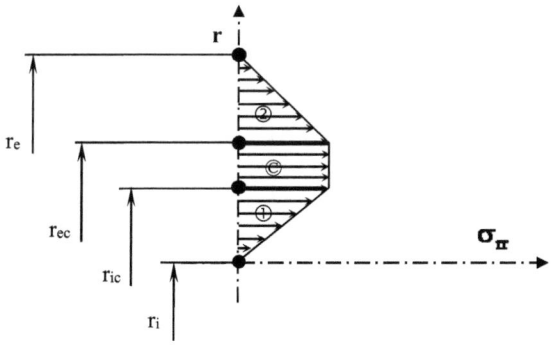

Figure 29. Variation de σ_{rr} dans l'assemblage cylindrique.

Le champ de contraintes radiales est supposé égal à :

$$\sigma_{rr}^{(1)} = \alpha_1[r - r_i] \; ; \; \sigma_{rr}^{(c)} = \beta_c = \text{cst.} \; ; \; \sigma_{rr}^{(2)} = \alpha_2[r - r_e] \tag{3.57}$$

La continuité de σ_{rr} (Figure 29) permet d'écrire :

$$r = r_{ic} \rightarrow \beta_c = \alpha_1[r_{ic} - r_i] \; ; \; r = r_{ec} \rightarrow \beta_c = \alpha_2[r_{ec} - r_e] \tag{3.58}$$

soit : $\beta_c = \alpha_1[r_{ic} - r_i] = \alpha_2[r_{ec} - r_e]$ (3.59)

3.2.2. Expressions des contraintes dans l'assemblage collé

- <u>Dans le tube intérieur (①)</u> :

L'équilibre d'une section élémentaire du tube (Figure 30) nous permet d'exprimer les contraintes de cisaillement $\tau_{rz}^{(1)}$:

$$-\sigma_{zz}^{(1)}(z)\pi(r^2 - r_i^2) + \sigma_{zz}^{(1)}(z+dz)\pi(r^2 - r_i^2) + \tau_{rz}^{(1)}(r,z)2\pi r dz = 0 \tag{3.60}$$

d'où $\tau_{rz}^{(1)}(r,z) = \dfrac{\left(r_i^2 - r^2\right)}{2r} \dfrac{d\sigma_{zz}^{(1)}}{dz}$ (3.61)

A partir de l'expression (3.61) et de l'équation d'équilibre (3.55) nous exprimons directement la contrainte orthoradiale dans le matériau ①, soit :

$$\sigma_{\theta\theta}^{(1)}(r,z) = \dfrac{r_i^2 - r^2}{2} \dfrac{d^2\sigma_{zz}^{(1)}}{dz^2} + \alpha_1[2r - r_i] \tag{3.62}$$

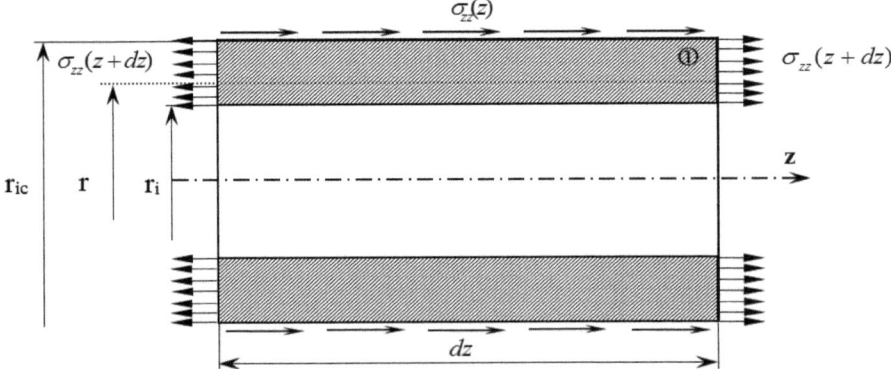

Figure 30. Equilibre d'une section élémentaire du tube intérieur, $r \in [r_i, r_{ic}]$.

- Dans la colle © :

A l'aide de l'équation d'équilibre :

$$\frac{\partial \tau_{rz}}{\partial r} + \frac{1}{r}\tau_{rz} + \frac{\partial \sigma_{zz}}{\partial z} = 0 \tag{3.63}$$

et de la condition de continuité de la contrainte de cisaillement pour $r = r_{ic}$, nous obtenons l'expression des contraintes de cisaillement $\tau_{rz}^{(c)}$:

$$\tau_{rz}^{(c)}(r,z) = \frac{\left(r_i^2 - r_{ic}^2\right)}{2r}\frac{d\sigma_{zz}^{(1)}}{dz} \tag{3.64}$$

L'expression de la contrainte orthoradiale de la colle se déduit de la même manière que pour le matériau ① soit : $\sigma_{\theta\theta}^{(c)}(z) = \frac{r_i^2 - r_{ic}^2}{2}\frac{d^2\sigma_{zz}^{(1)}}{dz^2} + \alpha_1[r_{ic} - r_i]$ (3.65)

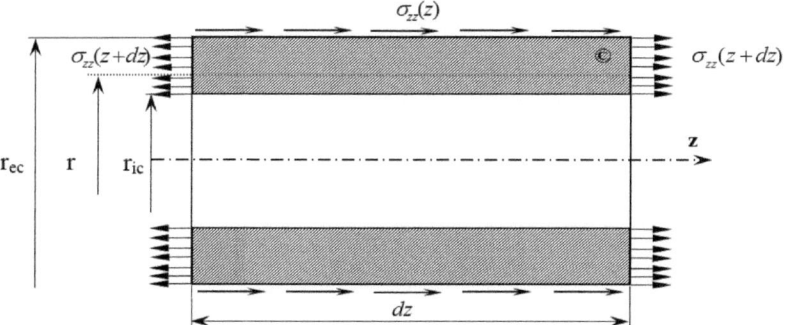

Figure 31. Equilibre d'une section élémentaire du tube de colle, $r \in [r_{ic}, r_{ec}]$.

- Dans le tube extérieur (②) :

L'expression de la contrainte normale $\sigma_{zz}^{(2)}$ peut être déterminée comme pour le cas $\sigma_{rr} = 0$ à partir de l'équation (3.11) soit : $\sigma_{zz}^{(2)}(r,z) = \left(\frac{r_{ic}^2 - r_i^2}{r_e^2 - r_{ec}^2}\right)\left(f - \sigma_{zz}^{(1)}\right)$ (3.66)

L'expression de la contrainte de cisaillement dans le tube extérieur peut être déterminée de deux façons, soit en considérant l'équilibre d'une section de tube, soit à l'aide de l'équation d'équilibre (3.56) et de la condition de continuité de cette même contrainte à l'interface avec la colle. Ces deux méthodes aboutissent à la même expression :

$$\tau_{rz}^{(2)}(r,z) = \frac{\left(r_e^2 - r^2\right)\left(r_{ic}^2 - r_i^2\right)}{2r(r_{ec}^2 - r_e^2)}\frac{d\sigma_{zz}^{(1)}}{dz} \tag{3.67}$$

La contrainte orthoradiale s'obtient immédiatement et s'écrit :

$$\sigma_{\theta\theta}^{(2)}(r,z) = \frac{(r_e^2 - r^2)(r_{ic}^2 - r_i^2)}{2(r_{ec}^2 - r_e^2)} \frac{d^2\sigma_{zz}^{(1)}}{dz^2} + \underbrace{\alpha_1 \frac{r_{ic} - r_i}{r_{ec} - r_e}}_{\alpha_2}[2r - r_e] \qquad (3.68)$$

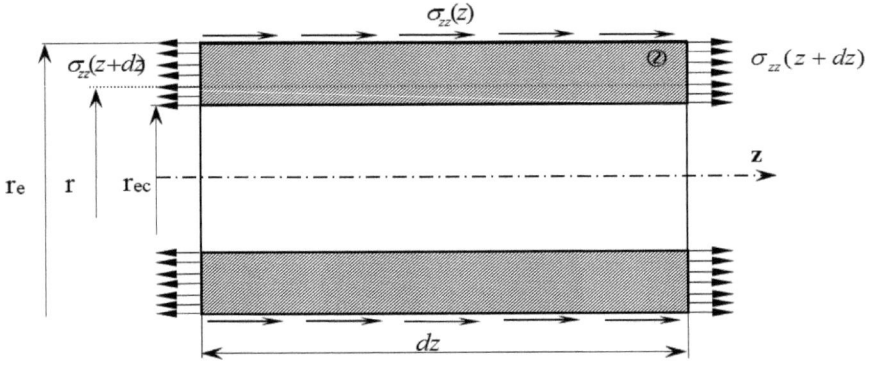

Figure 32. Equilibre d'une section élémentaire du tube extérieur, $r \in [r_{ec}, r_e]$.

Le champ est entièrement déterminé et ses composantes s'écrivent en fonction de la contrainte normale $\sigma_{zz}^{(1)}$:

$$\tau_{rz}^{(1)}(r,z) = \left(\frac{r_i^2 - r^2}{2r}\right)\frac{d\sigma_{zz}^{(1)}}{dz} \qquad (3.69)$$

$$\sigma_{\theta\theta}^{(1)}(r,z) = \frac{r_i^2 - r^2}{2}\frac{d^2\sigma_{zz}^{(1)}}{dz^2} + \alpha_1[2r - r_i] \qquad (3.70)$$

$$\sigma_{zz}^{(c)}(z) = 0 \qquad (3.71)$$

$$\tau_{rz}^{(c)}(r,z) = \left(\frac{r_i^2 - r_{ic}^2}{2r}\right)\frac{d\sigma_{zz}^{(1)}}{dz} \qquad (3.72)$$

$$\sigma_{\theta\theta}^{(c)}(z) = \frac{r_i^2 - r_{ic}^2}{2}\frac{d^2\sigma_{zz}^{(1)}}{dz^2} + \alpha_1[r_{ic} - r_i] \qquad (3.73)$$

$$\sigma_{zz}^{(2)}(r,z) = \left(\frac{r_{ic}^2 - r_i^2}{r_e^2 - r_{ec}^2}\right)\left(f - \sigma_{zz}^{(1)}\right) \qquad (3.74)$$

$$\tau_{rz}^{(2)}(r,z) = \frac{(r_e^2 - r^2)(r_{ic}^2 - r_i^2)}{2r(r_{ec}^2 - r_e^2)}\frac{d\sigma_{zz}^{(1)}}{dz} \qquad (3.75)$$

$$\sigma_{\theta\theta}^{(2)}(r,z) = \frac{(r_e^2 - r^2)(r_{ic}^2 - r_i^2)}{2(r_{ec}^2 - r_e^2)}\frac{d^2\sigma_{zz}^{(1)}}{dz^2} + \alpha_1 \frac{r_{ic} - r_i}{r_{ec} - r_e}[2r - r_e] \quad (3.76)$$

$$\sigma_{rr}^{(1)}(r,z) = \alpha_1(r - r_i) \quad (3.77)$$

$$\sigma_{rr}^{(c)}(z) = \alpha_1(r_{ic} - r_i) \quad (3.78)$$

$$\sigma_{rr}^{(2)}(r,z) = \alpha_1 \frac{(r_{ic} - r_i)}{(r_{ec} - r_e)}(r - r_e) \quad (3.79)$$

3.2.3. Calcul de l'énergie de déformation

L'expression (3.43), avec les modifications correspondant aux équations ((3.70), (3.73), (3.76)), permet d'écrire l'énergie de déformation simplement en fonction de $\sigma_{zz}^{(1)}$:

$$\xi_P = \pi \int_0^l \Gamma(\sigma_{zz}^{(1)}, \frac{d\sigma_{zz}^{(1)}}{dz}, \frac{d^2\sigma_{zz}^{(1)}}{dz^2}, \alpha_1)dz \quad (3.80)$$

$$\xi_P = \pi \int_0^l \underbrace{\left[A\sigma_{zz}^{(1)2} + B\sigma_{zz}^{(1)}\frac{d^2\sigma_{zz}^{(1)}}{dz^2} + C\left(\frac{d\sigma_{zz}^{(1)}}{dz}\right)^2 + \tilde{D}\sigma_{zz}^{(1)} + E\left(\frac{d^2\sigma_{zz}^{(1)}}{dz^2}\right)^2 + \tilde{F}\frac{d^2\sigma_{zz}^{(1)}}{dz^2} + \tilde{K} \right]}_{\Gamma} dz \quad (3.81)$$

où : $\tilde{D} = D + \alpha_1 k$, $\tilde{F} = F + \alpha_1 h$, $\tilde{K} = K + \alpha_1^2 m$ \quad (3.82)

Les constantes A, B, C, D, E, F, K (les mêmes que celles obtenues pour le cas $\sigma_{rr} = 0$), k, h, m dépendent du chargement ainsi que des caractéristiques dimensionnelles et mécaniques des deux tubes et de l'adhésif. Les expressions de ces différentes constantes en fonction des caractéristiques géométriques et physiques de l'assemblage sont données par les expressions suivantes :

$$A = \frac{(r_{ic}^2 - r_i^2)}{2}\left[\frac{1}{E_{11}} + \frac{1}{E_{21}}\frac{(r_{ic}^2 - r_i^2)}{(r_e^2 - r_{ec}^2)}\right] \quad (3.83)$$

$$B = \frac{(r_{ic}^2 - r_i^2)^2}{4}\left(\frac{\nu_{tl1}}{E_{1t}} - \frac{\nu_{tl2}}{E_{2t}}\right) \quad (3.84)$$

$$C = \frac{1}{16G_1}\left[4r_i^4 \ln\left(\frac{r_{ic}}{r_i}\right) + 3r_i^4 - 4r_i^2 r_{ic}^2 + r_{ic}^4\right] + \frac{1+\nu_c}{2E_c}\left(r_i^2 - r_{ic}^2\right)^2 \ln\left(\frac{r_{ec}}{r_{ic}}\right)$$
$$+ \frac{1}{16G_2}\frac{\left(r_{ic}^2 - r_i^2\right)^2}{\left(r_e^2 - r_{ec}^2\right)^2}\left[4r_e^4 \ln\left(\frac{r_e}{r_{ec}}\right) - 3r_e^4 + 4r_e^2 r_{ec}^2 - r_{ec}^4\right] \quad (3.85)$$

$$\tilde{D} = \underbrace{-\frac{f}{E_{2t}}\frac{\left(r_{ic}^2 - r_i^2\right)^2}{\left(r_e^2 - r_{ec}^2\right)} + \alpha_1 k}_{D}$$

$$k = \frac{\nu_{tl1}}{3E_{1t}}\left(r_i^3 + 3r_i r_{ic}^2 - 4r_{ic}^3\right) + \frac{\nu_{tl2}}{3E_{2t}}\frac{\left(r_{ic}^2 - r_i^2\right)\left(r_{ic} - r_i\right)}{\left(r_e^2 - r_{ec}^2\right)\left(r_e - r_{ec}\right)}\left(r_e^3 + 3r_e r_{ec}^2 - 4r_{ec}^3\right) \quad (3.86)$$

$$E = \frac{\left(r_{ic} - r_i\right)^3 \left(r_{ic} + r_i\right)^3}{24E_{1t}} + \frac{\left(r_{ic}^2 - r_i^2\right)^2\left(r_{ec}^2 - r_{ic}^2\right)}{8E_c} + \frac{\left(r_{ic}^2 - r_i^2\right)^2}{\left(r_e^2 - r_{ec}^2\right)^2}\frac{\left(r_e - r_{ec}\right)^3\left(r_e + r_{ec}\right)^3}{24E_{2t}} \quad (3.87)$$

$$\tilde{F} = \underbrace{\frac{\nu_{tl2} f \left(r_{ic}^2 - r_i^2\right)^2}{4E_{2t}}}_{F} + \alpha_1 \underbrace{\left(\frac{1}{60E_{1t}} a + \frac{1}{2E_c} b + \frac{1}{60E_{2t}} c\right)}_{h}$$
$$a = -r_i^5 - 24r_{ic}^5 + 15r_i r_{ic}^4 + 10r_i^2 r_{ic}^2 \left(3r_i - 4r_{ic}\right) \quad (3.88)$$
$$b = \left(r_{ic} - r_i\right)\left(r_i^2 - r_{ic}^2\right)\left(r_{ec}^2 - r_{ic}^2\right)$$
$$c = r_e^5 + 24r_{ec}^5 - 15r_e r_{ec}^4 + 10r_e^2 r_{ec}^2 \left(3r_e - 4r_{ec}\right)$$

$$\tilde{K} = \underbrace{\frac{f^2}{2E_{2t}}\frac{\left(r_{ic}^2 - r_i^2\right)^2}{\left(r_e^2 - r_{ec}^2\right)}}_{K} + \alpha_1^2 m$$

$$m = \frac{\left(r_{ic}^2 - r_i^2\right)}{6E_{1t}}\left(6r_{ic}^2 + 9r_i^2 - 8r_i r_{ic}\right) + \frac{\left(r_{ic} - r_i\right)^2\left(r_{ec}^2 - r_{ic}^2\right)}{2E_c} + \quad (3.89)$$
$$+ \frac{1}{6E_{2t}}\frac{\left(r_{ic} - r_i\right)^2}{\left(r_e - r_{ec}\right)^2}\left[6\left(r_e^4 - r_{ec}^4\right) + 8r_e r_{ec}^3 - 8r_e^3 r_{ec}^2\right]$$

La constante α_1 est donnée par l'équation (A.49) et les conditions aux limites en $z = 0$ et $z = L$, soit : $2m\alpha_1 L + \int_0^L k\sigma_{zz}^{(1)} dz + h \underbrace{\left[\frac{d\sigma_{zz}^{(1)}}{dz}\right]_0^L}_{0} = 0 \quad (3.90)$

En effectuant un calcul variationnel sur l'expression de l'énergie potentielle (3.81) et en prenant en compte les conditions aux limites en $z = 0$ et $z = L$, nous obtenons que l'énergie complémentaire soit minimale lorsque $\sigma_{zz}^{(1)}(z)$ est solution de l'équation différentielle suivante :

$$E\frac{d^4\sigma_{zz}^{(1)}(z)}{dz^4}+(B-C)\frac{d^2\sigma_{zz}^{(1)}(z)}{dz^2}+A\sigma_{zz}^{(1)}(z)+\frac{D}{2}+\frac{\alpha_1 k}{2}=0 \qquad (3.91)$$

3.2.4. Étude comparative

Pour réaliser une analyse comparative des deux modèles développés et pour montrer l'influence de la prise en compte de la contrainte radiale $\sigma_{rr}^{(i)}$ dans le modèle, nous prenons une configuration proche d'un cas industriel.

Le cas suivant est représentatif d'une structure bobinée sur un "liner" en titane. Le collage du composite bobiné sur le "liner" est réalisé par le "FLOT" de la résine. L'assemblage utilisé possède les caractéristiques présentées dans le Tableau 2.

Tableau 2. Configuration de l'assemblage analysé.

Tube 1	Colle	Tube 2	r_i [mm]	r_{ic} [mm]	r_{ec} [mm]	r_e [mm]	L [mm]	F [N/mm]
Titane TA 6V e=1 mm E = 105000 MPa G = 40385 MPa υ = 0.3	Araldite AV 119 E_c = 2700 MPa G_c = 1000 MPa υ_c = 0.35	Carbone/Epoxyde 90°/± 17.2° E_x = 58220 MPa E_y = 103000 MPa G_{xy} = 9372 MPa υ = 0.069	1500	1501	1501.1	1507.878	800	8000

Après l'étude analytique par les deux méthodes (σ_{rr} = 0 et σ_{rr} ≠ 0) les courbes de distribution des contraintes sont données sur les figures Figure 33 à Figure 36.

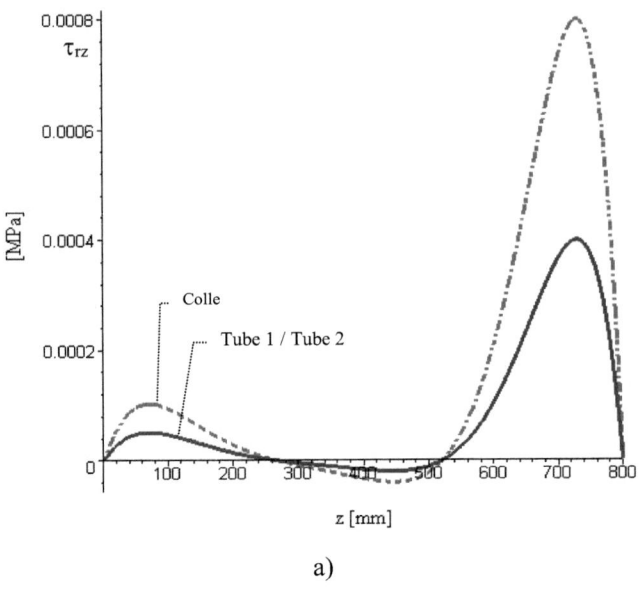

a)

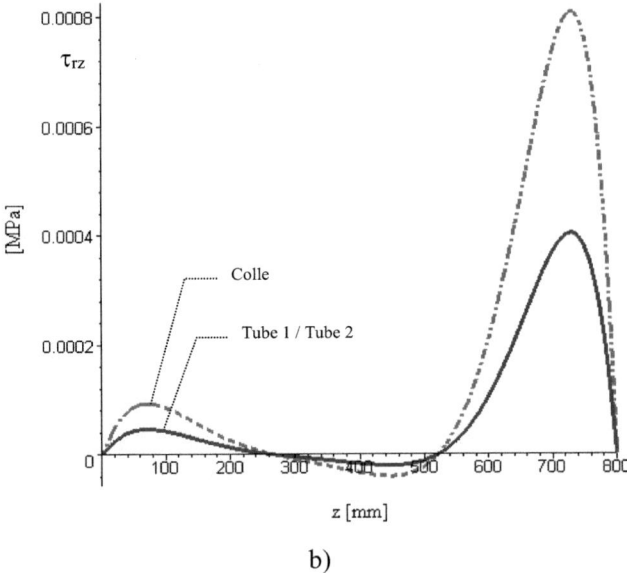

b)

Figure 33. La distribution de la contrainte de cisaillement (τ_{rz}) dans l'assemblage (f = 1 MPa) : a) $\sigma_{rr} = 0$; b) $\sigma_{rr} \neq 0$

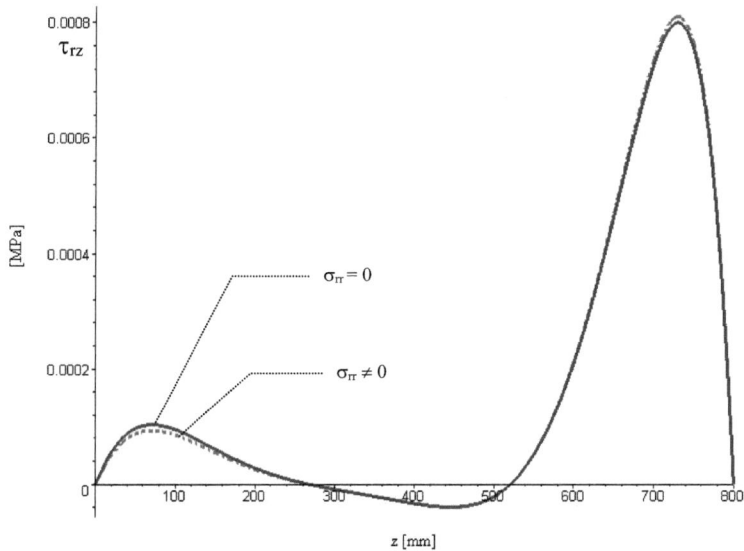

Figure 34. La distribution de la contrainte de cisaillement (τ_{rz}) dans la colle par les deux modèles analytiques (f = 1 MPa).

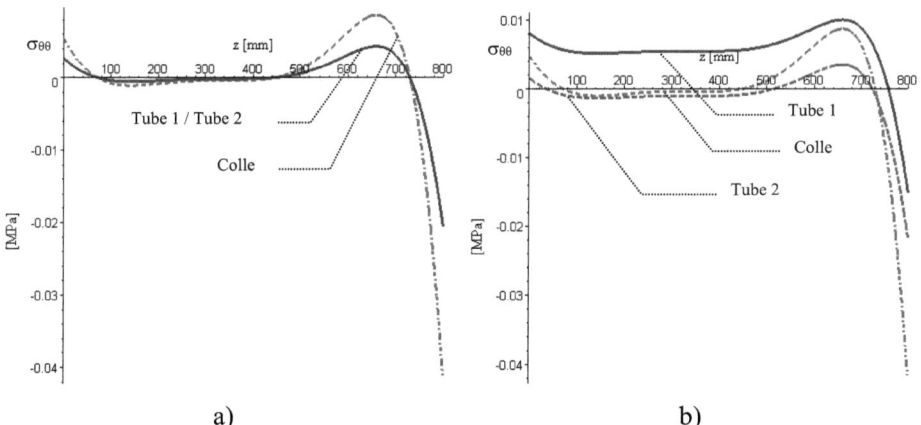

Figure 35. La distribution de la contrainte orthoradiale ($\sigma_{\theta\theta}$) dans l'assemblage (f = 1 MPa) : a) $\sigma_{rr} = 0$; b) $\sigma_{rr} \neq 0$

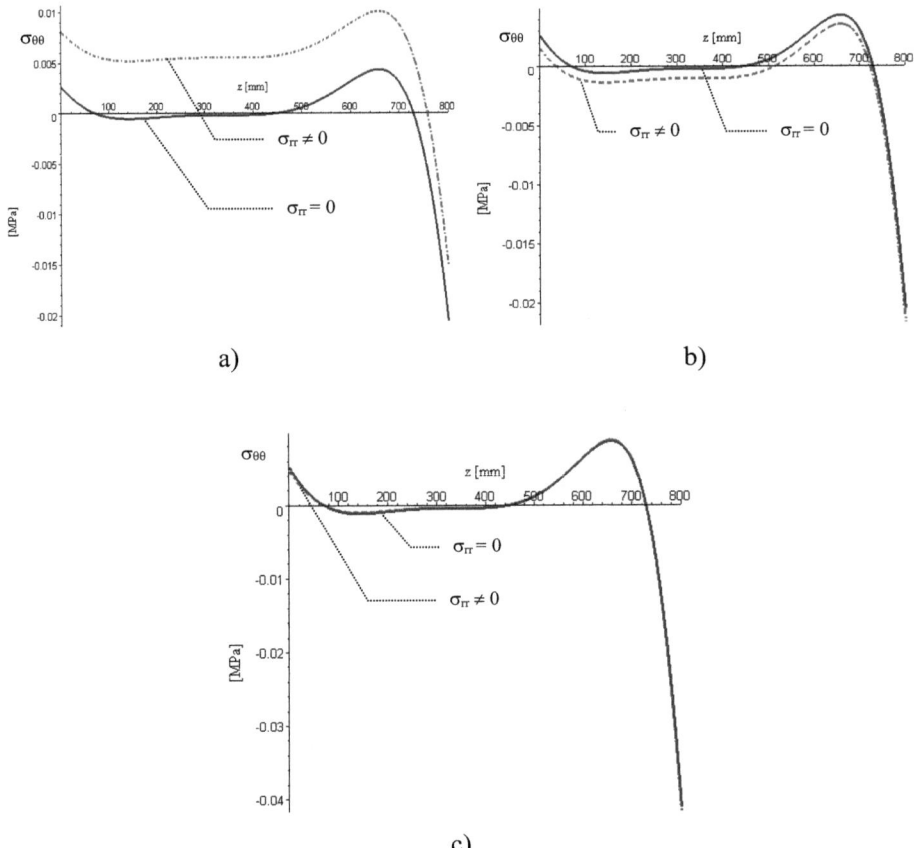

Figure 36. La distribution de la contrainte orthoradiale ($\sigma_{\theta\theta}$) par les deux modèles analytiques (f = 1 MPa) : a) Tube 1 ; b) Tube 2 ; c) Colle.

La prise en compte dans le modèle de la contrainte σ_{rr} n'influence que la distribution de la contrainte $\sigma_{\theta\theta}$.

3.2.5. Conclusions partielles

Il ressort de l'analyse des résultats obtenus dans le paragraphe 3.2.4., les points suivants :
- les comportements des assemblages métalliques et composites collés sont semblables au cas $\sigma_{rr} = 0$,
- la prise en compte dans le modèle de la contrainte σ_{rr} n'influence que la distribution de la contrainte $\sigma_{\theta\theta}$; $\sigma_{\theta\theta}^{(1)}$ - augmente (306%), $\sigma_{\theta\theta}^{(2)}$ - diminue (58%) et $\sigma_{\theta\theta}^{(c)}$ - évolue faiblement (2%)

4. ÉTUDE ANALYTIQUE D'UN JOINT À DOUBLE RECOUVREMENT

4.1. Introduction

La méthode de calcul d'un joint collé à double recouvrement est similaire à celle du calcul des assemblages cylindriques. On rappelle ci-dessous la méthodologie :

- Nous allons construire un champ de contraintes statiquement admissible, c'est à dire un champ de contraintes vérifiant les équations d'équilibre local, les conditions aux limites pour x = 0 et x = L ainsi que sur les faces inférieures et supérieures de l'ensemble (Figure 38). Ce champ doit aussi respecter les conditions de continuité de contraintes au niveau des interfaces entre la colle et les substrats (continuité des contraintes de décollement σ_{yy} et des contraintes de cisaillement τ_{xy}). Nous vérifierons que toutes les contraintes peuvent s'exprimer en fonction de la contrainte normale $\sigma_{xx}^{(1)}$ régnant dans le matériau ① (Figure 38).

- La minimisation de l'énergie potentielle associée à ce champ statiquement admissible nous permettra de définir cette contrainte normale et de décrire à l'aide de cette dernière l'évolution des contraintes normales, des contraintes de cisaillement et de décollement le long des interfaces de la colle et dans les différents matériaux.

4.2. Définitions géométriques. Hypothèses

Considérons un collage plan à double recouvrement (Figure 37) dont les supports sont maintenus collés par un adhésif élastique marqué de l'indice ©.

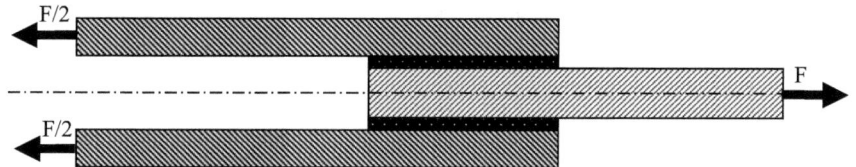

Figure 37. Collage plan à double recouvrement.

L'ensemble du collage est en équilibre sous l'action d'un chargement de traction. Les deux plaques supérieure et inférieure sont soumises au même chargement de traction F/2 suivant l'axe x, la plaque médiane étant elle soumise à un chargement opposé d'intensité F.

Vu les symétries mécanique et géométrique du problème, notre analyse se limitera à l'étude de la moitié supérieure de l'assemblage représenté Figure 38.

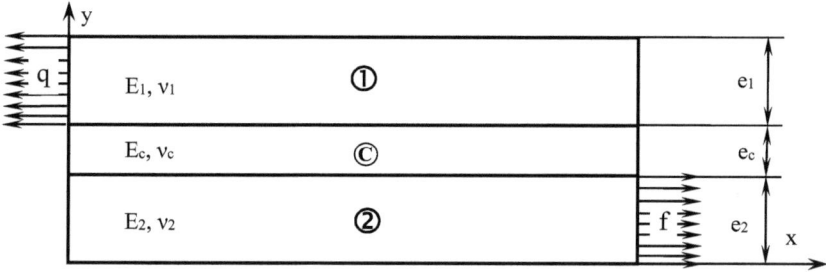

Figure 38. Définition géométrique et matérielle du joint à double recouvrement.

Avec les notations suivantes :

- E_c, ν_c, module de Young et coefficient de Poisson de l'adhésif ©,
- E_2, ν_2, module de Young et coefficient de Poisson du substrat médian ②,
- E_1, ν_1, module de Young et coefficient de Poisson du substrat extérieurs ①,
- e_c, épaisseur des substrats de colle ©,
- e_1, e_2, épaisseur des substrats ① et ②,
- **L**, longueur de recouvrement,
- **f** et **q**, contraintes de traction suivant l'axe x.

Les contraintes dans les différents matériaux seront repérées par l'indice (i), où i = ①, © ou ②. Nous sommes dans le cas de contraintes planes et nous adopterons les hypothèses suivantes :
- l'état de contraintes planes se traduit par : $\tau_{zx}^{(i)} = \tau_{zy}^{(i)} = \sigma_{zz}^{(i)} = 0$ (4.1)
- les contraintes $\sigma_{xx}^{(i)}$, $\tau_{xy}^{(i)}$ et $\sigma_{yy}^{(i)}$ sont indépendantes de la variable z
- les contraintes $\sigma_{xx}^{(1)}$ et $\sigma_{xx}^{(2)}$ sont uniquement fonction de la variable x
- la contrainte normale dans la colle sera considérée nulle soit : $\sigma_{xx}^{(c)} = 0$ (4.2)

Le champ des contraintes se réduit donc à :
- dans le matériau ① : $\sigma_{xx}^{(1)}(x)$, $\tau_{xy}^{(1)}(x,y)$, $\sigma_{yy}^{(1)}(x,y)$ (4.3)
- dans le colle © : $\tau_{xy}^{(c)}(x)$, $\sigma_{yy}^{(c)}(x,y)$ (4.4)
- dans le matériau ② : $\sigma_{xx}^{(2)}(x)$, $\tau_{xy}^{(2)}(x,y)$, $\sigma_{yy}^{(2)}(x,y)$ (4.5)

4.3. Écriture du champ de contraintes dans l'assemblage collé

On construit un champ de contraintes statiquement admissible en respectant les hypothèses précédentes. C'est-à-dire vérifiant les équations locales d'équilibre, les conditions aux limites (pour x = 0, x = L, sur les faces inférieures et supérieures de l'ensemble {①, ©, ②}) ainsi que les conditions de continuité aux interfaces avec la colle (continuité de $\sigma_{yy}(x,y)$ et $\tau_{xy}(x,y)$). Nous écrivons l'équilibre des forces qui agissent sur l'ensemble du collage en effectuant une coupe fictive de l'assemblage suivant y. La contrainte normale $\sigma_{xx}^{(c)}$ dans la colle étant par hypothèse nulle, nous avons :

$$e_1\sigma_{xx}^{(1)} + e_2\sigma_{xx}^{(2)} = e_2 f = e_1 q \quad (4.6)$$

L'équilibre de prismes élémentaires dans les deux matériaux nous permet d'exprimer la contrainte de cisaillement dans la colle (indépendante de la cordonnée en épaisseur) en fonction des contraintes normales $\sigma_{xx}^{(1)}$ et $\sigma_{xx}^{(2)}$ des deux matériaux ① et ② :

$$\tau_{xy}^{(c)}(x) = e_1 \frac{d\sigma_{xx}^{(1)}}{dx} \; ; \; \tau_{xy}^{(c)}(x) = -e_2 \frac{d\sigma_{xx}^{(2)}}{dx} \tag{4.7}$$

En l'absence de forces volumiques, et en tenant compte des hypothèses précédemment exposées, les équations d'équilibre local s'écrivent pour un composant (i) :

$$\sigma_{xx,x}^{(i)} + \sigma_{xy,y}^{(i)} = 0 \tag{4.8}$$

$$\sigma_{xy,x}^{(i)} + \sigma_{yy,y}^{(i)} = 0 \tag{4.9}$$

Les composantes des contraintes pour chacun des trois constituants doivent satisfaire les équations d'équilibre (4.8) et (4.9) les conditions de continuité du vecteur contrainte à la traversée des interfaces ainsi que les conditions aux limites en x = 0, x = L, y = 0 et $y = (e_1 + e_2 + e_c)$. Afin de déterminer, à partir des équations d'équilibre, les différentes composantes des vecteurs contraintes, nous devons écrire les conditions aux limites ainsi que les conditions de continuité des vecteurs contraintes aux interfaces.

Sur les bords libres, les contraintes normales à la surface et les contraintes de cisaillement sont nulles. A la traversée des interfaces, ces mêmes contraintes doivent être continues. La nullité de la contrainte de cisaillement pour y = 0 est due à la symétrie du problème. Toutes ces conditions ont été regroupées ci-dessous :

- Pour x = 0 :

$$\sigma_{xx}^{(1)} = q, \; \sigma_{xx}^{(2)} = 0 \tag{4.10}$$

$$\tau_{xy}^{(1)} = 0, \; \tau_{xy}^{(2)} = 0 \tag{4.11}$$

- Pour x = L :

$$\sigma_{xx}^{(1)} = 0, \; \sigma_{xx}^{(2)} = f \tag{4.12}$$

$$\tau_{xy}^{(1)} = 0, \; \tau_{xy}^{(2)} = 0 \tag{4.13}$$

- Pour y = 0 :

$$\tau_{xy}^{(2)} = 0 \tag{4.14}$$

- Pour $y = e_2$:

$$\tau_{xy}^{(2)} = \tau_{xy}^{(c)} \tag{4.15}$$

$$\sigma_{yy}^{(2)} = \sigma_{yy}^{(c)} \tag{4.16}$$

- Pour $y = e_2 + e_c$:

$$\tau_{xy}^{(1)} = \tau_{xy}^{(c)} \quad (4.17)$$

$$\sigma_{yy}^{(1)} = \sigma_{yy}^{(c)} \quad (4.18)$$

- Pour $y = e_1 + e_c + e_2$:

$$\tau_{xy}^{(1)} = 0 \quad (4.19)$$

$$\sigma_{yy}^{(1)} = 0 \quad (4.20)$$

En appliquant l'équation (4.8) ainsi que les conditions (4.14) et (4.19) aux deux substrats repérés ① et ② nous obtenons les expression des contraintes de cisaillement $\tau_{xy}^{(1)}$ et $\tau_{xy}^{(2)}$ en fonction de la contrainte de cisaillement de la colle $\tau_{xy}^{(c)}$:

$$\tau_{xy}^{(1)}(x,y) = \left[(e_1 + e_2 + e_c) - y \right] \frac{\tau_{xy}^{(c)}}{e_1} \quad (4.21)$$

$$\tau_{xy}^{(2)}(x,y) = y \frac{\tau_{xy}^{(c)}}{e_2} \quad (4.22)$$

De même en utilisant l'équation (4.9), le conditions (4.16), (4.18) et (4.20) ainsi que les deux relation précédemment définies, nous obtenons les expressions des contraintes de pelage $\sigma_{yy}^{(1)}$, $\sigma_{yy}^{(2)}$ et $\sigma_{yy}^{(c)}$ en fonction de $\tau_{xy}^{(c)}$:

$$\sigma_{yy}^{(1)}(x,y) = \frac{\left[y - (e_1 + e_2 + e_c) \right]^2}{2e_1} \frac{d\tau_{xy}^{(c)}}{dx} \quad (4.23)$$

$$\sigma_{yy}^{(c)}(x,y) = \left[\left(\frac{e_1}{2} + e_2 + e_c \right) - y \right] \frac{d\tau_{xy}^{(c)}}{dx} \quad (4.24)$$

$$\sigma_{yy}^{(2)}(x,y) = \frac{1}{2} \left[(e_1 + e_2 + 2e_c) - \frac{y^2}{e_2} \right] \frac{d\tau_{xy}^{(c)}}{dx} \quad (4.25)$$

Nous pouvons dès à présent écrire toutes les contraintes uniquement en fonction de la contrainte normale $\sigma_{xx}^{(1)}(x)$, de ses dérivées première et seconde par rapport à la variable x et des caractéristiques géométriques des constituants.

Le champ des contraintes se réduit donc aux composantes suivantes :

$$\tau_{xy}^{(1)}(x,y) = \left[(e_1 + e_2 + e_c) - y \right] \frac{d\sigma_{xx}^{(1)}}{dx} \quad (4.26)$$

$$\sigma_{yy}^{(1)}(x,y) = \frac{1}{2}\left[y-(e_1+e_2+e_c)\right]^2 \frac{d^2\sigma_{xx}^{(1)}}{dx^2} \tag{4.27}$$

$$\tau_{xy}^{(c)}(x) = e_1 \frac{d\sigma_{xx}^{(1)}}{dx} \tag{4.28}$$

$$\sigma_{yy}^{(c)}(x,y) = e_1\left[\left(\frac{e_1}{2}+e_2+e_c\right)-y\right]\frac{d^2\sigma_{xx}^{(1)}}{dx^2} \tag{4.29}$$

$$\sigma_{xx}^{(2)}(x) = f - \frac{e_1}{e_2}\sigma_{xx}^{(1)} \tag{4.30}$$

$$\tau_{xy}^{(2)}(x,y) = \frac{e_1}{e_2} y \frac{d\sigma_{xx}^{(1)}}{dx} \tag{4.31}$$

$$\sigma_{yy}^{(2)}(x,y) = \frac{e_1}{2}\left[(e_1+e_2+2e_c)-\frac{y^2}{e_2}\right]\frac{d^2\sigma_{xx}^{(1)}}{dx^2} \tag{4.32}$$

4.4. Calcul de l'énergie de déformation. Calcul variationnel

Dans le champ de contraintes défini au paragraphe précédent, la seule inconnue est l'expression de la contrainte normale $\sigma_{xx}^{(1)}$, expression que nous allons déterminer à l'aide du principe de minimum de l'énergie complémentaire.

L'énergie potentielle associée au champ statiquement admissible précédemment déterminé s'écrit pour un collage de longueur l et pour largeur unité sur l'axe z :

$$\begin{aligned}\xi_P = &\frac{1}{2E_2}\int_0^L\int_0^{e_2}\left[\sigma_{xx}^{(2)^2}+\sigma_{yy}^{(2)^2}-2\nu_2\sigma_{xx}^{(2)}\sigma_{yy}^{(2)}+2(1+\nu_2)\tau_{xy}^{(2)^2}\right]dydx \\ &+\frac{1}{2E_c}\int_0^L\int_{e_2}^{e_2+e_c}\left[\sigma_{yy}^{(c)^2}+2(1+\nu_c)\tau_{xy}^{(c)^2}\right]dydx \\ &+\frac{1}{2E_1}\int_0^L\int_{e_2+e_c}^{e_2+e_c+e_1}\left[\sigma_{xx}^{(1)^2}+\sigma_{yy}^{(1)^2}-2\nu_1\sigma_{xx}^{(1)}\sigma_{yy}^{(1)}+2(1+\nu_1)\tau_{xy}^{(1)^2}\right]dydx\end{aligned} \tag{4.33}$$

En reportant les expressions des contraintes (4.26), (4.27), (4.28), (4.29), (4.30), (4.31) et (4.32) dans (4.33) et après intégration suivant y, l'énergie potentielle peut se mettre sous la forme :

$$\xi_P = \int_0^L \underbrace{\left[A\sigma_{xx}^{(1)^2} + B\sigma_{xx}^{(1)} \frac{d^2\sigma_{xx}^{(1)}}{dx^2} + C\left(\frac{d\sigma_{xx}^{(1)}}{dx}\right)^2 + D\sigma_{xx}^{(1)} + E\left(\frac{d^2\sigma_{xx}^{(1)}}{dx^2}\right)^2 + F\frac{d^2\sigma_{xx}^{(1)}}{dx^2} + K \right]}_{\Gamma} dx \qquad (4.34)$$

expression où les constantes A, B, C, D, E, F et K dépendent des caractéristiques géométriques et matérielles des trois constituants ainsi que du chargement appliqué. Les expressions de ces différentes constantes en fonction des caractéristiques géométriques et physiques de l'assemblage sont données par les équations suivantes :

$$A = \frac{e_1}{2}\left(\frac{1}{E_1} + \frac{1}{E_2}\frac{e_1}{e_2}\right) \qquad (4.35)$$

$$B = -\frac{v_1 e_1^3}{6E_1} + \frac{v_2 e_1^2}{6E_2}(3e_1 + 2e_2 + 6e_c) \qquad (4.36)$$

$$C = \frac{(1+v_1)}{3E_1}\left[(e_2 + e_c + e_1)^3 - (e_2 + e_c)^3 - 3e_1(e_2 + e_c)(e_2 + e_c + e_1)\right] + \\ + \frac{(1+v_c)e_1^2 e_c}{E_c} - \frac{(1+v_2)e_1^2 e_2}{3E_2} \qquad (4.37)$$

$$D = -\frac{e_1 f}{E_2} \qquad (4.38)$$

$$E = \frac{e_1^5}{40E_1} + \frac{e_1^2 e_c}{6E_c}\left(\frac{3}{2}e_1^2 + 3e_1 e_c - 3e_2 - 3e_2 e_c + e_c^2\right) + \\ + \frac{e_1^2 e_2}{120E_2}\left[5(e_1 + e_2 + 2e_c)(3e_1 + e_2 + 6e_c) + 3e_c^2\right] \qquad (4.39)$$

$$F = -\frac{v_2 f e_1 e_2}{6E_2}\left[2e_1 + 3e_2 + 6e_c\right] \qquad (4.40)$$

$$K = \frac{e_2 f^2}{2E_2} \qquad (4.41)$$

En appliquant à la fonctionnelle ξ_P un calcul variationnel et en utilisant les conditions aux limites (4.10), (4.11), (4.12) et (4.13) que l'on écrit aussi sous la forme :

$$\sigma_{xx}^{(1)}(x=0) = q = \frac{e_2}{e_1}f, \qquad (4.42)$$

$$\frac{d\sigma_{xx}^{(1)}}{dx}(x=0) = 0, \qquad (4.43)$$

$$\sigma_{xx}^{(1)}(x=L) = 0, \qquad (4.44)$$

$$\frac{d\sigma_{xx}^{(1)}}{dx}(x=L)=0 \qquad (4.45)$$

nous obtenons que l'énergie ξ_P est minimale lorsque la fonction contrainte $\sigma_{xx}^{(1)}(x)$ est solution de l'équation différentielle suivante :

$$E\frac{d^4\sigma_{xx}^{(1)}(x)}{dx^4}+(B-C)\frac{d^2\sigma_{xx}^{(1)}(x)}{dx^2}+A\sigma_{xx}^{(1)}(x)+\frac{D}{2}=0 \qquad (4.46)$$

Remarque : *Quelles que soient les caractéristiques des trois matériaux et la géométrie de l'assemblage nous pouvons remarquer en examinant les coefficients de l'équation différentielle (4.46) que : A>0, E>0 et B-C quelconque.*

Cette remarque nous servira à déterminer les différents cas lors de la résolution de cette équation différentielle (voir l'annexe 1).

4.5. Étude des assemblages collés. Analyse des résultats

Toutes les applications numériques qui vont suivre seront présentées de façon identique :
- nous utilisons les configurations présentées dans l'annexe 6,
- un ou plusieurs graphes représentant la distribution de contraintes.

Dans un second temps, nous présentons une analyse des différents paramètres ayant une incidence sur l'intensité et sur la distribution du champ des contraintes. Cette analyse sera comme pour les assemblages cylindriques, réduite à l'étude de l'influence des paramètres suivants : l'épaisseur de la colle, la longueur de recouvrement, le module élastique de la colle et la rigidité relative E_2/E_1.

Dans les plupart des cas celle-ci sera calculée pour la partie centrale de l'adhésif c'est à dire pour l'ordonnée $y=e_2+\frac{e_c}{2}$ (Figure 39).

Pour toutes les applications que nous présentons, nous avons porté dans les flux des efforts de traction (voir figure ci-dessous) agissant sur les éclissages, flux exprimés en N/mm tels que :

Le flux d'efforts et défini par l'équation : $F = 2e_2 \cdot f = 2e_1 \cdot q$ (4.47)

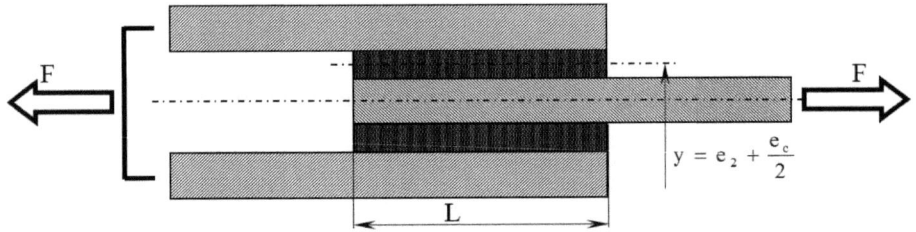

Figure 39. Flux des efforts de traction.

4.5.1. Distribution de contraintes

Dans les figures 40 à 44 nous pouvons voir les distributions des contraintes dans la colle pour les cas des configurations analysées. Comme le montrent les figures ci-dessous nous constatons que les contraintes de pelage sont plus importantes que les contraintes de cisaillement. Cette constatation rejoint les propos de Volkersen [16], Gilibert et Rigolot [17] relevant aussi que les contraintes de pelage sont les plus importantes.

Nous remarquons que :
- pour σ_{yy}, les valeurs maximales sont obtenues sur les bords libres ($z = 0$, $z = L$). Ces valeurs sont très localisées aux bords, cependant, la contrainte σ_{yymax} maximale est obtenue en compression,
- pour τ_{xy}, on relève deux pics de contraintes situés à égale distance des deux bords libres. Les pics n'ont pas la même intensité à cause de la différence des rigidités des deux tubes collés.

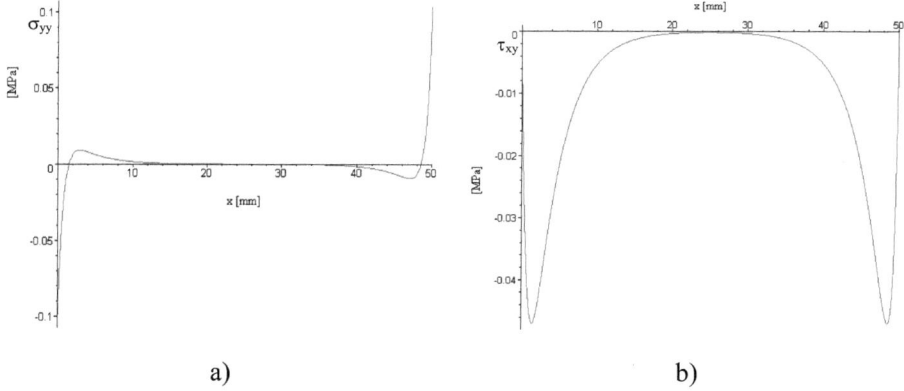

a) b)

Figure 40. La distribution des contraintes dans la colle d'un assemblage
TA 6V-AV 119-TA 6V, pour F = 1 N/mm :
a) La contrainte de pelage (σ_{yy}) dans la colle ;
b) La contrainte de cisaillement (τ_{xy}) dans la colle.

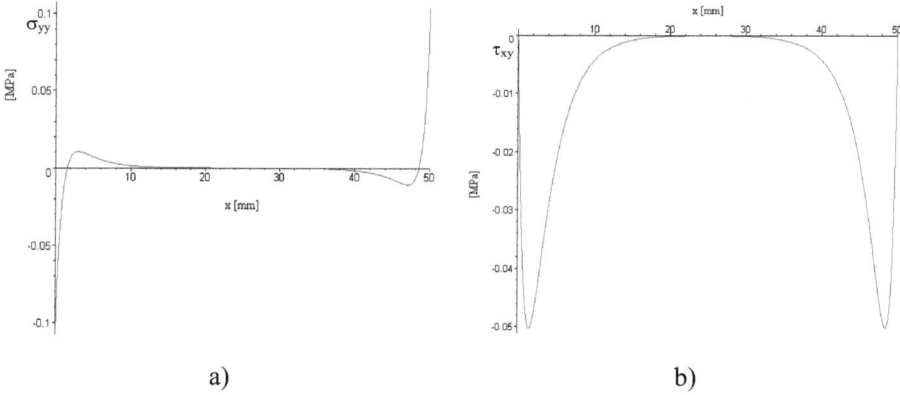

a) b)

Figure 41. La distribution des contraintes dans la colle d'un assemblage
AU 4G-AV 119-AU 4G, pour F = 1 N/mm :
a) La contrainte de pelage (σ_{yy}) dans la colle ;
b) La contrainte de cisaillement (τ_{xy}) dans la colle.

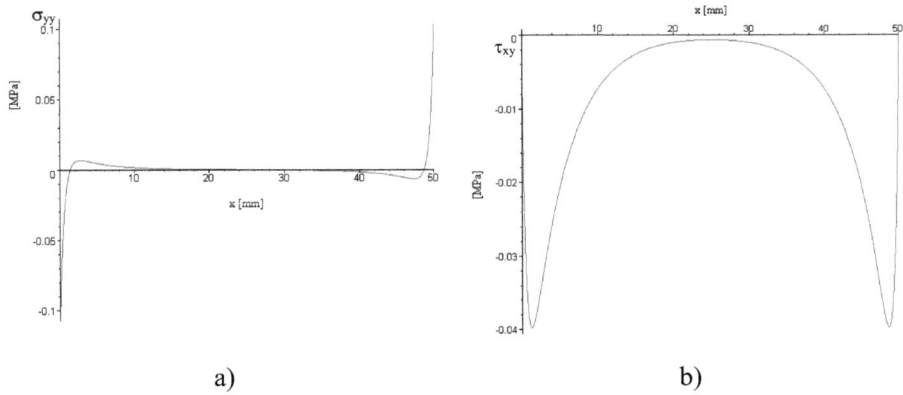

a) b)

Figure 42. La distribution des contraintes dans la colle d'un assemblage
Acier-AV 119-Acier, pour F = 1 N/mm :
a) La contrainte de pelage (σ_{yy}) dans la colle ;
b) La contrainte de cisaillement (τ_{xy}) dans la colle.

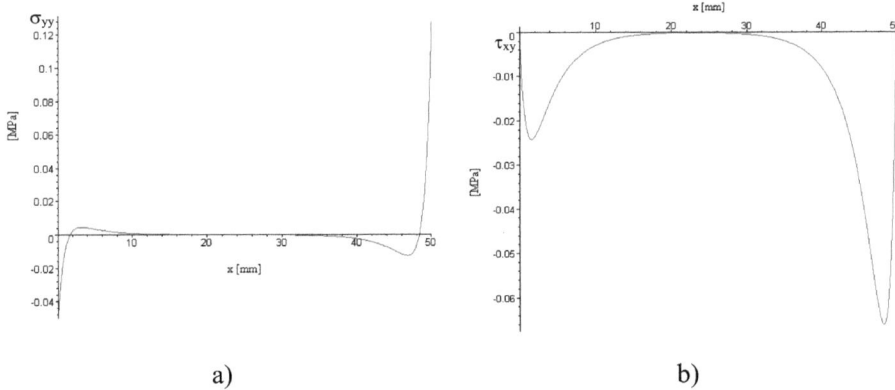

a) b)

Figure 43. La distribution des contraintes dans la colle d'un assemblage
Acier-AV 119-AU 4G, pour F = 1 N/mm :
a) La contrainte de pelage (σ_{yy}) dans la colle ;
b) La contrainte de cisaillement (τ_{xy}) dans la colle.

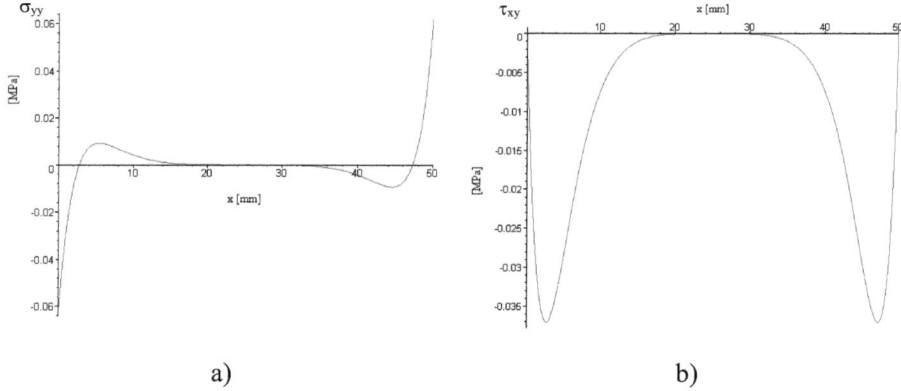

a) b)

Figure 44. La distribution des contraintes dans la colle d'un assemblage
VE ±45°-AV 119-VE ±45°, pour F = 1 N/mm :
a) La contrainte de pelage (σ_{yy}) dans la colle ;
b) La contrainte de cisaillement (τ_{xy}) dans la colle.

Après l'analyse des distributions nous pouvons constater que les contraintes de pelage sont plus importantes que les contraintes de cisaillement donc l'utilisation d'un critère de rupture du joint collé doit prendre en compte non seulement la contrainte de cisaillement τ_{xy} mais aussi la contrainte de pelage σ_{yy}.

4.5.2. Étude paramétrique

Dans ce paragraphe nous présentons l'analyse de l'influence de divers paramètres (longueur de recouvrement, rigidités, épaisseur de la colle) sur la distribution des contraintes dans la colle.

4.5.2.1. Influence de la longueur de recouvrement

La Figure 46 montre l'influence de la longueur de recouvrement sur la distribution et sur l'intensité des contraintes de cisaillement. Le fait d'augmenter la longueur de collage au-delà d'une certaine valeur n'a aucune influence sur les contraintes maximales dans l'adhésif. En effet, pour l'assemblage à double recouvrement il existe une longueur de recouvrement optimale au-delà de laquelle la longueur ajoutée ne plus sollicitée.

En augmentant progressivement la longueur de recouvrement nous avons observé :
- la réduction des valeurs de la contrainte de cisaillement au milieu du joint,
- le déplacement des pics de contraintes vers les bords libres.

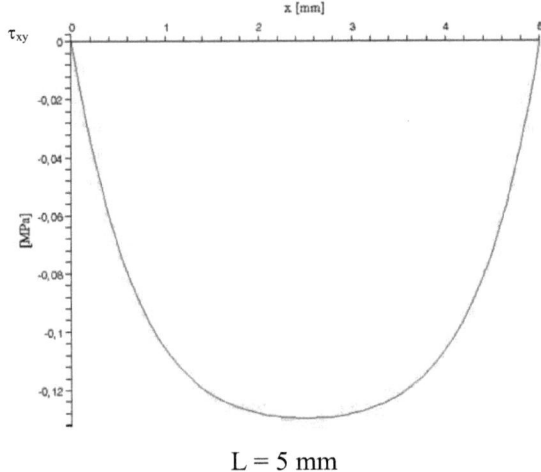

L = 5 mm

Figure 45. La longueur de recouvrement pour laquelle nous avons une distribution parabolique (F = 1 N/mm).

La contrainte de cisaillement a deux pics maximaux sauf pour des longueurs de recouvrement très petites où on retrouve un seul pic (Figure 45).

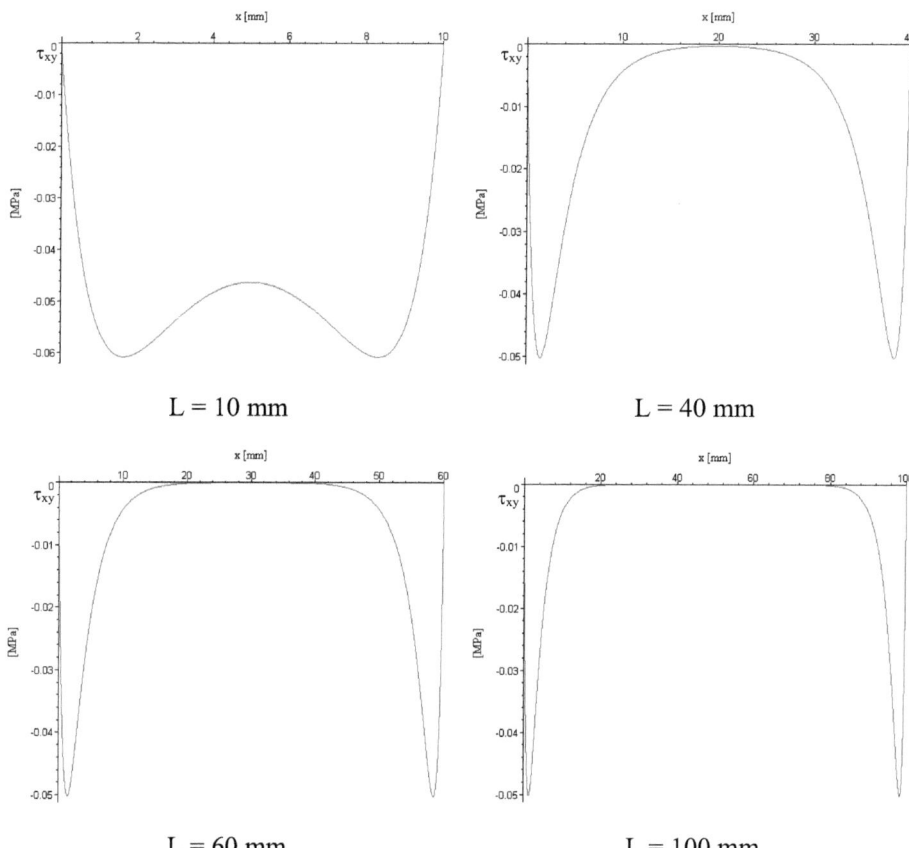

Figure 46. Variation de τ_{xy} dans la colle en fonction de la longueur de recouvrement (L = 10÷100 mm) et F = 1 N/mm, pour un assemblage AU 4G-AV 119-AU 4G.

4.5.2.2. Influence des rigidités

La Figure 47 représente l'influence du module élastique de la colle sur la contrainte de cisaillement dans la colle. Les pics maximaux augmenteront légèrement lorsque le module élastique croît.

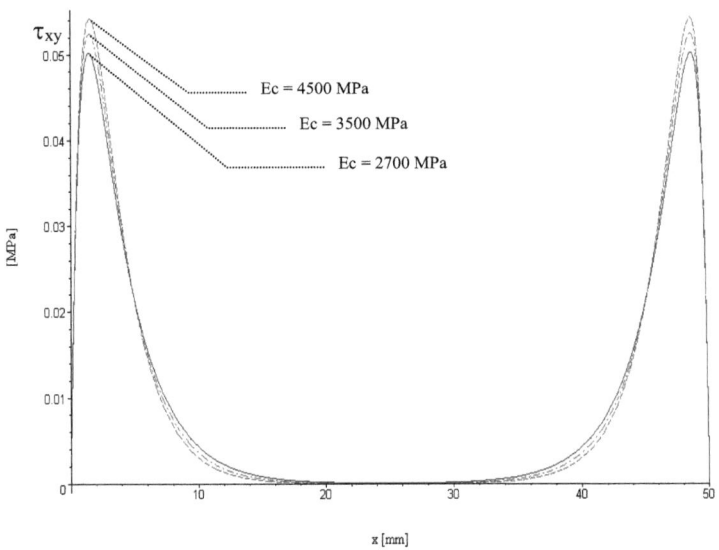

Figure 47. Variation de la contrainte de cisaillement ($-\tau_{xy}$) dans la colle en fonction du module élastique de la colle : $E_c = 2700$ MPa, $E_c = 3500$ MPa, $E_c = 4500$ MPa dans un assemblage AU 4G- AV 119-AU 4G.

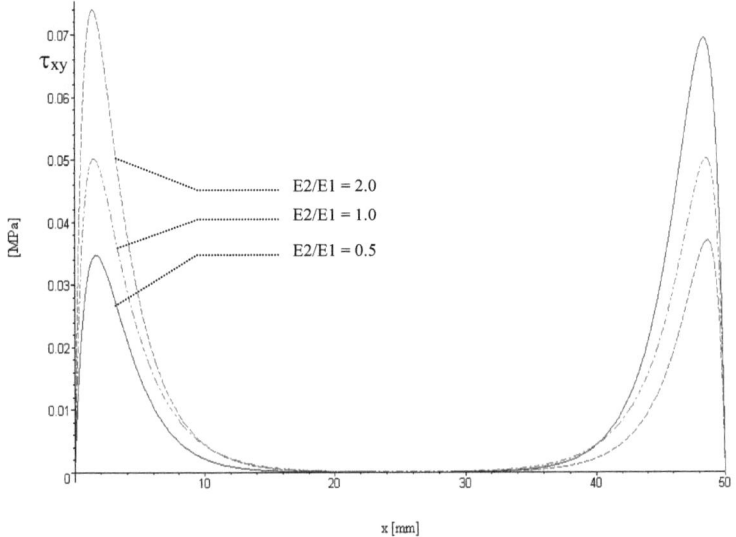

Figure 48. Variation de la contrainte de cisaillement ($-\tau_{xy}$) dans la colle en fonction de la rigidité relative : $E_2/E_1 = 0.5$; $E_2/E_1 = 1$; $E_2/E_1 = 2$.

L'influence de la rigidité relative, entre les deux substrats collés, est illustrée dans la Figure 48. On peut remarquer que les pics maximaux sur les deux bords ne sont plus égaux si le rapport E_2/E_1 est différent de 1. Le pic maximal se déplace d'un bord libre à l'autre en fonction du rapport E_2/E_1 ($E_2/E_1 = 0.5$ - le pic maximal est sur le bord 2 ; $E_2/E_1 = 2.0$ - le pic maximal est sur le bord 1).

4.5.2.3. Influence de l'épaisseur de colle

Les figures 49 et 50 montrent l'influence de l'épaisseur de colle. Dès que l'épaisseur de colle augmente, les contraintes maximales dans la colle diminuent et la distribution tend à être uniforme sur toute la longueur du recouvrement, sauf au voisinage des bords libres.

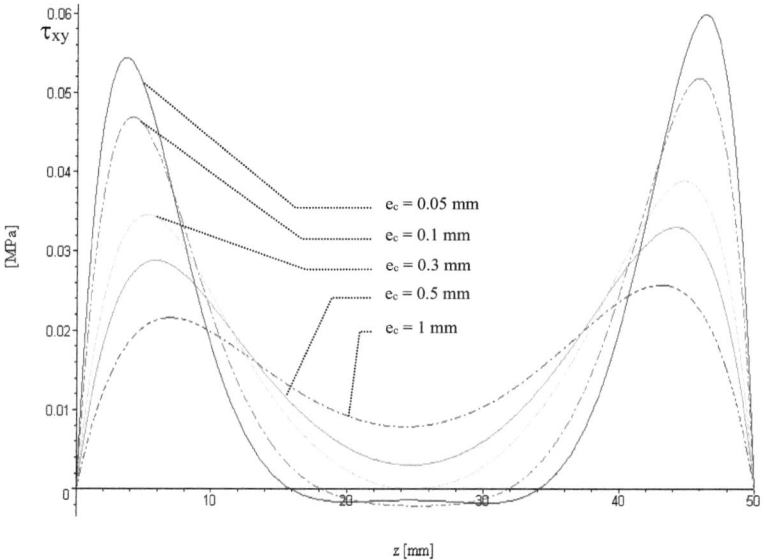

Figure 49. Variation de la contrainte de cisaillement ($-\tau_{xy}$) en fonction de l'épaisseur de colle : $e_c = 0.05$ mm, $e_c = 0.1$ mm, $e_c = 0.3$ mm, $e_c = 0.5$ mm, $e_c = 1$ mm, *dans un assemblage AU 4G-AV 119-AU 4G.*

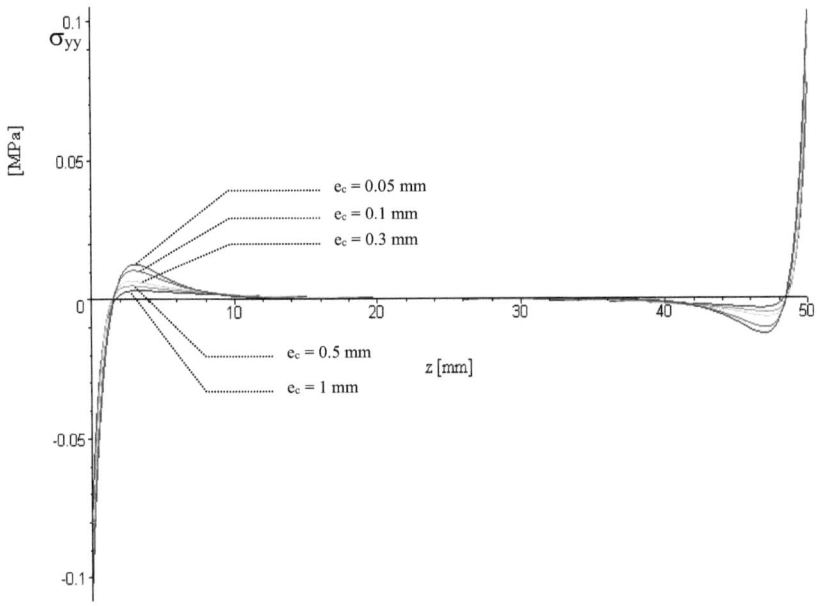

Figure 50. Variation de la contrainte orthoradiale (σ_{yy}) en fonction de l'épaisseur de colle : $e_c = 0.05$ mm, $e_c = 0.1$ mm, $e_c = 0.3$ mm, $e_c = 0.5$ mm, $e_c = 1$ mm dans un assemblage AU 4G-AV 119-AU 4G.

En même temps, pour les contraintes de pelage, nous pouvons constater également une diminution sensible des valeurs maximales au niveau des bords libres.

4.5.3. Conclusions partielles

Il ressort de l'analyse des résultats obtenus dans le paragraphe II.5., les points suivants :

- les valeurs maximales de σ_{yy} sont obtenues sur les bords libres et les valeurs maximales sont très localisées aux bords,

- concernant τ_{xy}, on relève deux pics de contraintes situés à égale distance des deux bords libres,
- les contraintes de pelage sont plus importantes que les contraintes de cisaillement,
- il existe une longueur optimale au-delà de laquelle les contraintes maximales n'évoluent plus,
- les intensités des pics sont influencées par la différence des rigidités des deux substrats collés,
- les pics maximaux augmentent légèrement lorsque le module élastique croît,
- la contrainte de cisaillement dans la colle augmente avec l'augmentation de la rigidité relative des substrats,
- plus on augmente l'épaisseur de colle, plus les valeurs des contraintes diminuent au niveau des bords libres et la distribution tend à être uniforme.

Après l'analyse des configurations proposées et de l'influence des paramètres géométriques et physiques sur le champ de contraintes nous pouvons observer que les assemblages composites collés ont le même comportement que les assemblages collés métalliques.

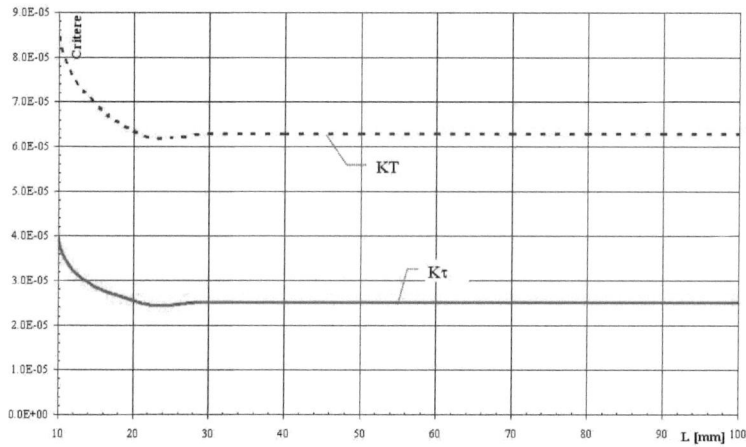

Figure 51. Variation de KT en fonction de la longueur de recouvrement pour un assemblage AU 4G-AV 119-AU 4G.

Nous pouvons établir un critère de rupture de type Hill-Tsai comme suit :

$$K_T = \underbrace{\left(\frac{\sigma_{yy}^{(c)}}{\sigma_R^{(c)}}\right)^2}_{K_\sigma} + \underbrace{\left(\frac{\tau_{xy}^{(c)}}{\tau_R^{(c)}}\right)^2}_{K_\tau} \qquad (4.48)$$

$$K_T \rightarrow \begin{cases} \geq 1 \text{ - rupture} \\ < 1 \text{ - non rupture} \end{cases} \qquad (4.49)$$

La Figure 51 montre l'importance de la prise en compte des contraintes de pelage dans l'établissement d'un critère de rupture.

5. ANALYSE NUMERIQUE DES ASSEMBLAGES COLLÉS

5.1. Introduction

5.1.1. Principe des méthodes d'éléments finis

Commençons par un exemple très simple, la déformation d'une tige élastique fixée à un bout et soumise à une force longitudinale F à l'autre. Imaginons cette tige composée de N petits ressorts accrochés bout à bout (ce sont les "éléments finis"). Au repos, le $i^{éme}$ ressort va du point x_{i-1} au point x_i, avec $x_0 = 0$ et $x_N = L$, longueur de la tige. Appelons u_i le déplacement de x_i. Nous supposons les ressorts linéaires, c'est-à-dire qu'ils suivent une loi de Hooke, avec une constante que nous prendrons égale à $k_i/(x_i - x_{i-1})$, en ne supposant donc pas la tige homogène. Appliquons alors le principe des travaux virtuels à un déplacement de l'extrémité du $i^{ème}$ ressort (point qui, au repos, se trouve en x_i). On obtient :

$$\begin{cases} k_i \dfrac{u_i - u_{i-1}}{x_i - x_{i-1}} - k_{i+1} \dfrac{u_{i+1} - u_i}{x_{i+1} - x_i} = 0 \\ k_N \dfrac{u_N - u_{N-1}}{x_N - x_{N-1}} = F \end{cases}, \quad i = 1 \div N-1 \tag{5.1}$$

Ce système nous permet de calculer une solution approchée du problème. (Dans la première de ces équations, le premier terme est le travail effectué sur le $i^{ème}$ ressort, le second sur le $(i + 1)^{ème}$ ressort ; on obtient l'équation en sommant élément par élément.). Nous sommes ainsi parvenus à une solution approchée sans tenir compte de l'équation différentielle : $\dfrac{d}{dx}\left[k(x)\dfrac{du}{dx}\right] = 0$ (5.2)

vérifiée par la solution exacte. Ce point est typique de la première phase de l'histoire des méthodes d'éléments finis qui ont surtout été développées par des ingénieurs sur la base de considérations physiques. C'est la raison pour laquelle ces méthodes sont restées quelque temps cachées aux mathématiciens. Mais la situation avait ses inconvénients, en particulier un gaspillage d'énergie du fait qu'il fallait réinventer une même méthode pour chaque champ nouveau d'application. Du point de vue mathématique, les méthodes d'éléments finis sont une sous-famille des méthodes de Ritz-Galerkin. Pour les problèmes variationnels, ces méthodes consistent à remplacer l'espace V des fonctions admissibles par un de ses sous-espaces V_N dit "espace d'approximation".

Si V_N est de dimension finie N et que les (Φ_i) en sont une base, on peut écrire la solution approchée sous la forme :

$$u^* = \sum_{j=1}^{N} u_j \Phi_j \tag{5.3}$$

où les coefficients u_j sont donnés par le système de N équations obtenues en posant $v = \Phi_j$ dans le problème variationnel :

$$\int_\Omega \left[\sum_{i=1}^{n} \frac{\partial \Phi_j}{\partial x_i} \times F_i\left(x, \sum_k u_k \Phi_k(x), \sum_k u_k \text{grad}\, \Phi_k(x)\right) \right. \\ \left. + \Phi_j F_0\left(x, \sum_k u_k \Phi_k, \sum_k u_k \text{grad}\, \Phi_k\right) \right] = 0 \tag{5.4}$$

En pratique, on commence en général par linéariser l'équation. Lorsqu'elle est non linéaire, on est amené à une méthode itérative dont chaque pas est la résolution d'un problème aux dérivées partielles linéaires. Les calculs sont évidemment d'autant plus longs. L'ouvert où se pose le problème est muni d'une triangulation (ou d'un découpage en quadrangles) dont les triangles peuvent d'ailleurs être curvilignes ; ce sont les éléments. Une fonction appartient alors à V_N si sa restriction à chaque élément est d'un type donné (en général un polynôme de degré assez petit) et si elle vérifie des conditions de raccordement.

Dans l'exemple très simple ci-dessus, les éléments sont les N intervalles $[x_{i-1}, x_i]$; une fonction u appartient à V_N si, sur chacun de ces intervalles, elle coïncide avec une fonction affine et si, de plus, elle est continue (condition de raccordement). Une telle fonction est déterminée par ses valeurs aux points x_i ; ces points sont appelés des nœuds. Une des caractéristiques des méthodes d'éléments finis, au niveau de la mise en œuvre numérique, est le balayage par éléments. Si on désigne par E_I les éléments, une des intégrales de la formule (5.4) peut s'écrire :

$$\sum_I \int_{E_I} \frac{\partial \Phi_j}{\partial x_i} \times Fi\left(x, \sum_k u_k \Phi_k(x), \sum_k u_k \mathrm{grad}\Phi_k\right) dx = 0 \tag{5.5}$$

On calcule alors ces intégrales pour chaque élément.

5.1.2. Avantages des méthodes d'éléments finis

Les intégrales figurant dans (5.5) ne sont différentes de 0 que si les supports de Φ_i et Φ_j se coupent. Il en résulte qu'un petit nombre seulement des inconnues u_k figurent dans chaque équation (comme dans les méthodes de différences finies). Le principal avantage des méthodes d'éléments finis est leur flexibilité : on peut les appliquer de façon quasi automatique à tout problème mis sous forme variationnelle. On peut aussi varier le type d'éléments choisis et on a intérêt à utiliser dans chaque problème un type d'éléments adapté. On a surtout une très grande souplesse dans le découpage en éléments, que l'on pourra faire beaucoup plus serré dans certaines parties du domaine si la solution y présente des irrégularités.

C'est aussi un avantage des méthodes d'éléments finis de partir d'une formulation variationnelle, quand il en existe une, adaptée à l'aspect physique du problème. Cela permet en particulier d'avoir un contrôle de l'erreur sous une forme physiquement significative.

Enfin, les méthodes d'éléments finis permettent aussi le calcul approché des premières fonctions et des valeurs propres.

5.1.3. Aspects économiques

On peut écrire un programme d'éléments finis pour la plupart des problèmes aux limites qui interviennent dans les applications. La flexibilité de ces méthodes d'un côté et les progrès des moyens informatiques de l'autre ont permis de développer des jeux de sous-programmes plus ou moins universels, c'est-à-dire permettant pratiquement de résoudre presque tout problème variationnel. De nombreux jeux de sous-programmes ont été commercialisés. Les plus connus sont ASKA, édité par l'université de Stuttgart sous la direction d'Argyris, et NASTRAN, produit par la N.A.S.A.

Les problèmes posés par la résolution numérique de ce type de problème ont plus évolué depuis la première génération d'ordinateurs à la situation actuelle que de d'Alembert à nos jours. Les problèmes de volume de mémoire, d'erreurs d'arrondi et de programmation ont constitué tour à tour le goulet d'étranglement et le centre de l'attention, selon les progrès techniques et la prise en compte de ces techniques par les ingénieurs et les chercheurs.

Le recours aux ordinateurs effectuant des calculs parallèles et la construction de microsystèmes adaptés à certains problèmes d'équations aux dérivées partielles ont permis les développements récents dans de nombreux domaines des sciences et des techniques.

5.2. Modélisation numérique par éléments finis

5.2.1. Maillage et conditions aux limites

L'objectif de cette étude est de comparer nos modèles théoriques de calculs des assemblages collés avec des modèles réalisés par éléments finis.

Pour l'analyse numérique par éléments finis des assemblages collés, nous avons utilisé le code de calculs par éléments finis SAMCEF réalisé par la société SAMTECH®.

Les schémas de la C.A.O., base du modèle éléments finis, sont présentés Figure 52 et Figure 53. Ces schémas décrivent aussi les conditions aux limites ainsi que le chargement appliqué.

La CAO des modèles éléments finis et le maillage sont identiques pour chaque assemblage (assemblage cylindrique, assemblage à double recouvrement). Seule l'hypothèse change dans le jeu de données nécessaires au calcul :

- axisymétrique pour l'assemblage cylindrique,
- contrainte plane pour l'assemblage à double recouvrement.

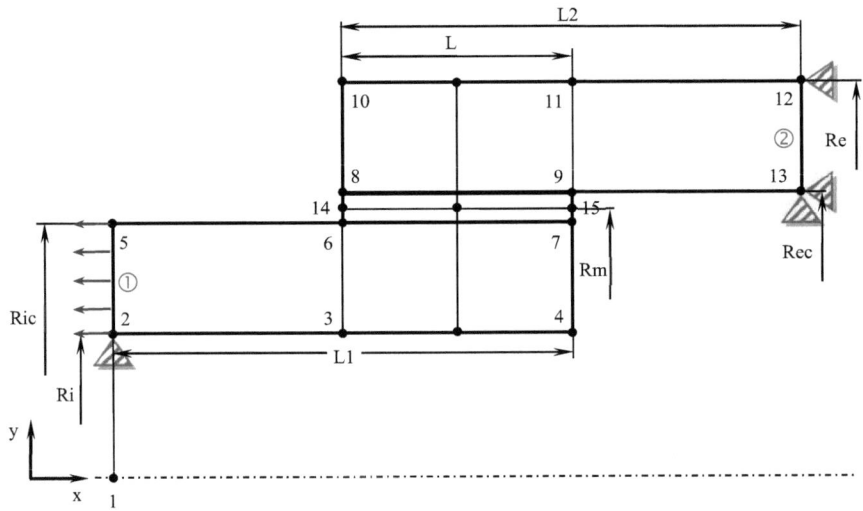

Figure 52. Schéma (CAO) de l'assemblage collé cylindrique.

L'assemblage cylindrique est modélisé par des éléments finis 2D quadrangles de degré 2 dans l'hypothèse axisymétrique. Les déplacements suivants x et y dans la face ② du tube extérieur ainsi que ceux suivant y dans la face ① du tube intérieur sont bloqués. Le chargement est appliqué par une pression sur la face ① (Figure 52).

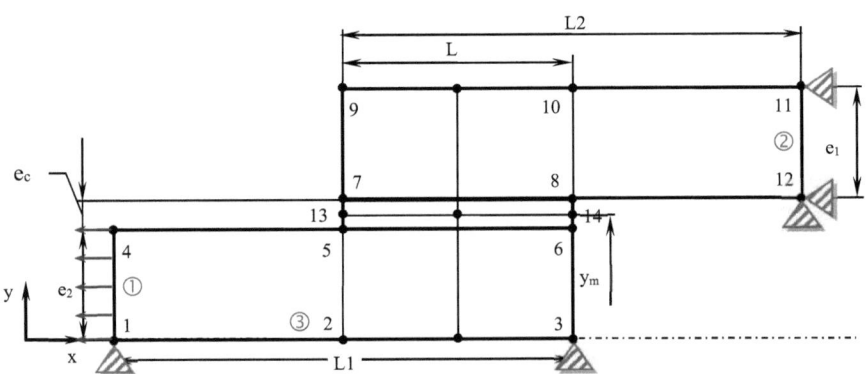

Figure 53. Schéma (CAO) de l'assemblage collé à double recouvrement.

L'assemblage à double recouvrement est modélisé par des éléments finis 2D quadrangles dans l'hypothèse de contraintes planes. Les déplacements suivants x et y de la face ② du substrat 1 ainsi que les déplacements suivants y la face ① du substrat 2 sont bloqués. L'assemblage à double recouvrement étant symétrique, les déplacements de la face ③ du substrat 2 sont bloqués suivant y. Le chargement est imposé par l'intermédiaire d'une pression sur la face ① (Figure 53).

Le maillage du film de colle est réalisé par l'intermédiaire de deux types d'éléments finis :
- des éléments quadrangles de degré 2 (identiques aux structures collés),
- des éléments d'interface de degré 2 spécialement développés pour l'analyse des contraintes en bords libres et pour l'analyse de la décohésion des couches dans les composites stratifiés [73 ÷ 75].

La Figure 54 montre un exemple du maillage utilisé dans cette étude où tous les éléments finis sont des quadrangles. Nous avons imposé dix éléments finis suivant l'épaisseur de la colle.

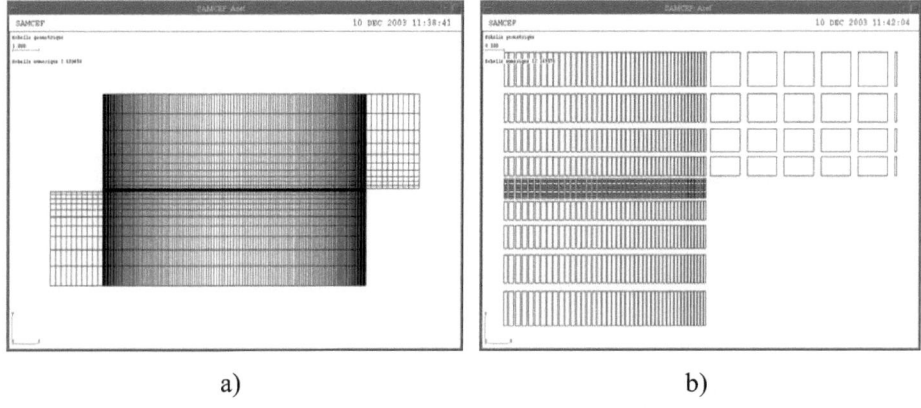

a)   b)

Figure 54. Modélisation numérique du collage cylindrique avec des éléments quadrangles. a) l'assemblage ; b) détail.

La Figure 55 montre un exemple du maillage utilisé dans cette étude où le film de colle est discrétisé par des éléments d'interface. Un seul élément est imposé suivant l'épaisseur de colle.

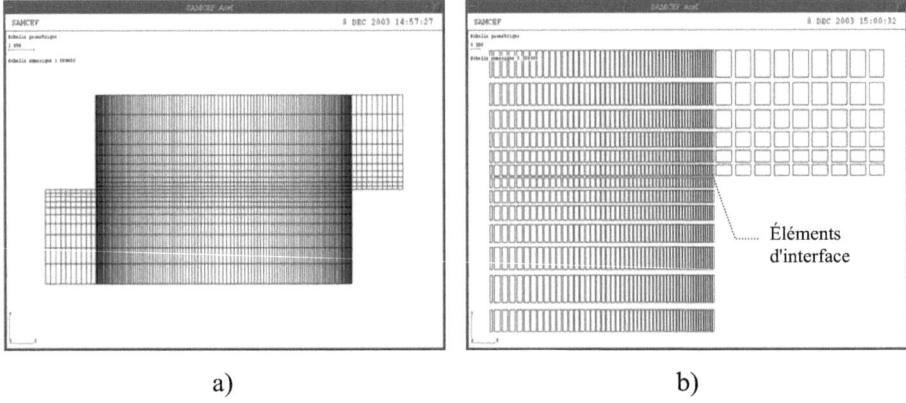

a)   b)

Figure 55. Modélisation numérique du collage plan avec des éléments d'interface.
a) l'assemblage ; b) détail.

L'utilisation de ces éléments est particulière : l'épaisseur de ces éléments n'est pas modélisée, les nœuds sont confondus. Le maillage est réalisé par modification d'un maillage par éléments finis quadrangles.

La loi de comportement de ces éléments finis est donnée par la relation suivante [73 ÷ 75] :

$$\begin{Bmatrix} \sigma_{33} \\ \sigma_{13} \\ \sigma_{23} \end{Bmatrix} = \begin{bmatrix} K_{33} & 0 & 0 \\ 0 & K_{13} & 0 \\ 0 & 0 & K_{23} \end{bmatrix} \cdot \begin{Bmatrix} \delta_{33} \\ \delta_{13} \\ \delta_{23} \end{Bmatrix} \qquad (5.6)$$

où :

δ_{ij} - le déplacement relatif des nœuds confondus dans le repère local de l'élément,

$K_{ij} = \dfrac{E_{ij}}{e_c}$ - la rigidité de l'élément,

E_{ij} - le module d'élasticité,

e_c - l'épaisseur de la colle,

i = 1 à 3 et j = 3.

Les figures 56, 57 et 58 permettent de comparer les contraintes dans la colle pour les deux modèles éléments finis :

- sous forme de cartographie des contraintes dans l'assemblage, Figure 56 et Figure 57,
- sous forme de distribution des contraintes de pelage et de cisaillement le long du film de colle, Figure 58.

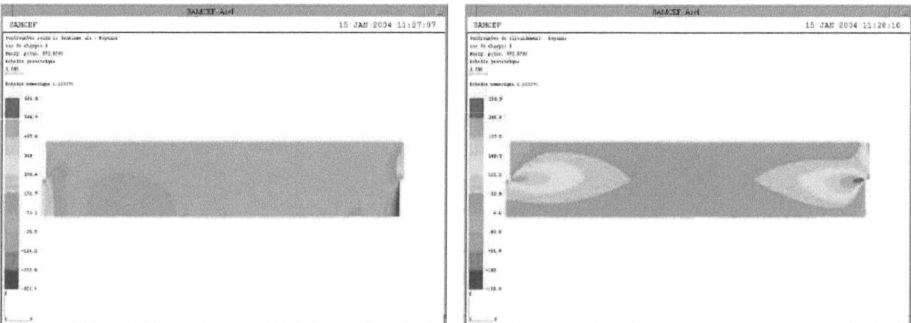

Figure 56. Distribution des contraintes dans l'assemblage plan modélisé avec des éléments quadrangles pour f = 1000 MPa :

a) de pelage (σ_{yy}) ; b) de cisaillement (τ_{xy}).

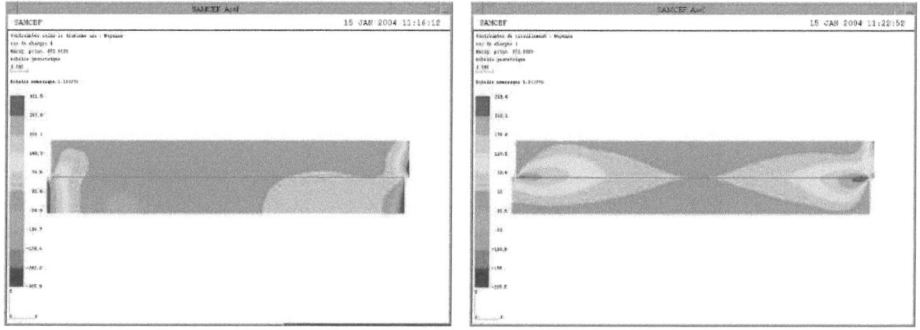

Figure 57. Distribution des contraintes dans l'assemblage plan modélisé avec des éléments d'interface pour f = 1000 MPa :

a) de pelage (σ_{yy}) ; b) de cisaillement (τ_{xy}).

On peut remarquer Figure 58 que pour les deux modèles, les distributions de contraintes de pelage et de cisaillement sont très proches. Les seules différences apparaissent proches des bords, où l'élément d'interface ne restitue pas l'hypothèse d'une contrainte de cisaillement nulle.

L'intérêt d'utiliser ces éléments réside dans le gain de temps de calculs, notamment lors d'analyses non-linéaires. Le tableau suivant donne un exemple de résultats en termes de temps de calculs pour une analyse linéaire élastique (sous station SUN BLADE2000) :

Tableau 3. Temps CPU en fonction des éléments utilisés

	Eléments quadrangles	Eléments d'interface
Temps CPU	2 Min 15.24 Sec	0 Min 18.13 Sec

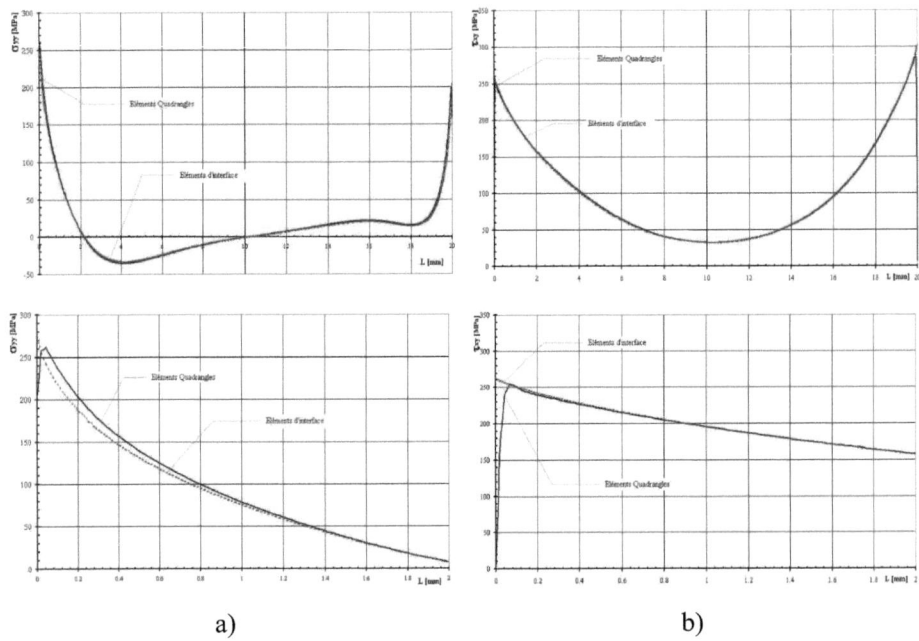

a)   b)

Figure 58. Distribution des contraintes dans la colle d'un assemblage plan modélisé avec des éléments d'interface et quadrangles pour f = 1000 MPa :
a) de pelage (σ_{yy}) ; b) de cisaillement (τ_{xy}).

5.2.2. Comportement global : Comportement effort-déplacement

Pour valider notre modèle théorique, la première étape consiste à comparer le comportement global de l'assemblage. Pour cela, pour un effort appliqué identique, nous avons comparé le déplacement maximum du point d'application de l'effort obtenu à partir du modèle théorique et du modèle éléments finis. La comparaison du comportement global se résume en une comparaison du comportement modélisé par l'équation suivante :

$$F = K \cdot q \tag{5.7}$$

où : F est l'effort global appliqué ; K la rigidité globale de l'assemblage ; q le déplacement maximum.

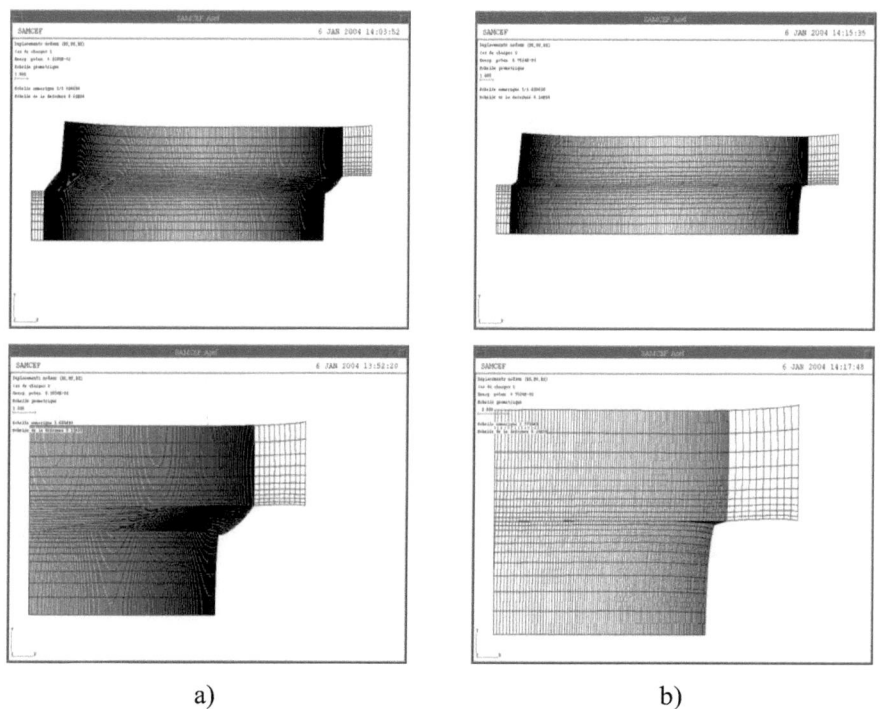

a)　　　　　　　　　　　　b)

Figure 59. Déplacements dans l'assemblage sollicité en traction.
a) éléments quadrangles ; b) éléments d'interface.

La détermination du déplacement maximum par éléments finis est immédiate. Par contre pour le modèle théorique, connaissant l'état de contrainte dans l'assemblage, la loi du comportement (orthotrope) nous permet de déterminer les déformations. Ensuite, l'intégration des déformations permet d'obtenir les déplacements en tout point de la structure. Enfin, cette intégration doit vérifier les équations de compatibilité en déformations. Un exemple du maillage déformé est donné Figure 59.

Les résultats de cette comparaison pour un assemblage à double recouvrement, sont donnés Figure 60 (assemblage métallique) et Figure 61 (assemblage composite).

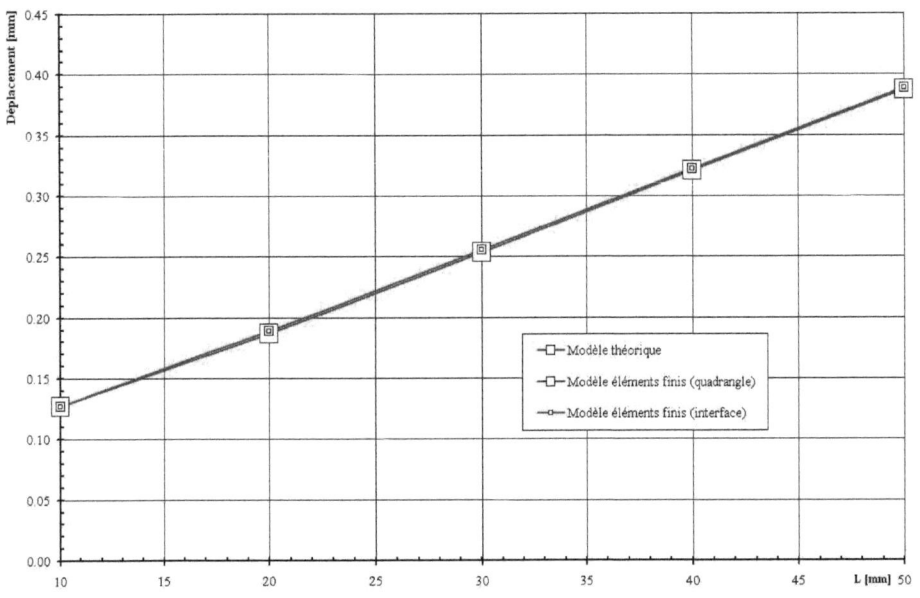

Figure 60. Déplacement maximal dans un assemblage métallique pour

$f = 1000$ MPa

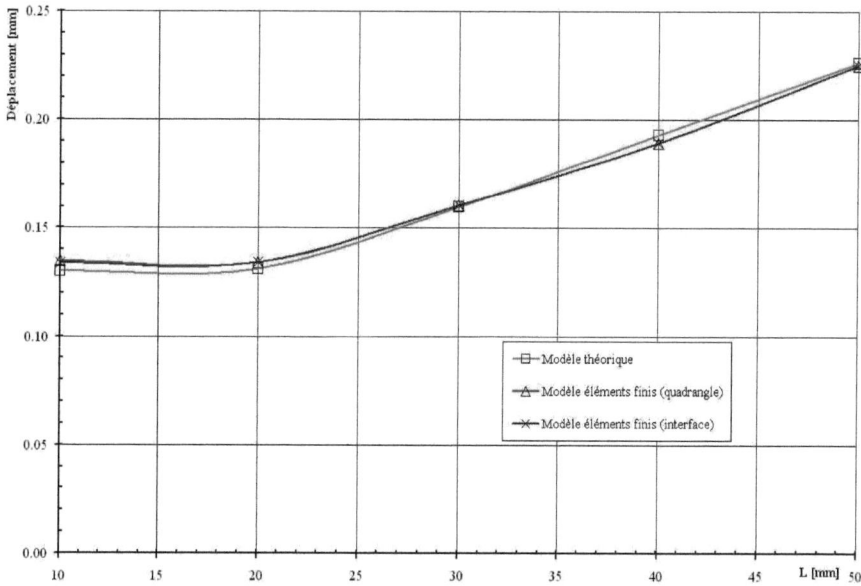

Figure 61. Déplacement maximal dans un assemblage composite pour
f = 1000 MPa

Le Tableau 4 résume les résultats numériques de cette comparaison et les caractéristiques géométriques et physiques des assemblages collés (4 chiffres significatifs sont volontairement donnés afin de montrer les différences éventuelles).

Quelles que soient les longueurs de recouvrement, les résultats obtenus à partir des modèles éléments finis et du modèle théorique sont identiques.

Ce tableau indique aussi la raideur des différents assemblages, permettant rapidement de calculer grâce au modèle théorique le comportement global de l'assemblage.

Tableau 4. Déplacement maximal dans l'assemblage.

L [mm]	Déplacement suivant x - δ_x[mm]			Rigidité [N/mm]
	Modèle Analytique	Modèle EF 2D quadrangle	Modèle EF Interface	$K = \dfrac{F}{\delta_x}$
AU 4G-AV 119-AU 4G $e_1= 2$ mm, $e_2= 2$ mm, $e_c= 0.1$ mm $F = 2000$ N/mm				
10	0.1270	0.1273	0.1270	15748.0
20	0.1870	0.1892	0.1890	10695.1
30	0.2539	0.2555	0.2555	7877.1
40	0.3206	0.3221	0.3221	6238.3
50	0.3873	0.3887	0.3885	5163.9
CE 0°-AV 119-CE 0° $E_x= 150000$ MPa, $E_y= 8500$ MPa, $G_{xy}= 4800$ MPa $e_1= 2$ mm, $e_2= 2$ mm, $e_c= 0.1$ mm $F = 2000$ N/mm				
10	0.1300	0.1347	0.1337	15384.6
20	0.1310	0.1340	0.1340	15267.1
30	0.1600	0.1606	0.1606	12500.0
40	0.1930	0.1891	0.1891	10362.6
50	0.2260	0.2249	0.2249	8849.5

5.2.3. Distribution des contraintes

5.2.3.1. Transfert de l'effort

Pour comparer le modèle théorique et les modèles éléments finis nous avons aussi déterminé le transfert des efforts au milieu des substrats collés Figure 62 et

Figure 63 pour deux configurations très différentes :
- Figure 62, le transfert d'effort pour la configuration d'un assemblage métallique de caractéristiques données Tableau 4,
- Figure 63, le transfert d'effort dans un assemblage cylindrique métallique-composite de caractéristiques données dans le tableau ci-dessous.

Tableau 5. Caractéristiques d'un assemblage métallique-composite.

		TUBE 1 Aluminium 2024 T3	TUBE 2 Verre-Epoxy ±45°	Colle Redux 312
Épaisseur	[mm]	2	1	0.2
Rayon intérieur	[mm]	10	12.2	-
Module	[MPa]	75000	14470	2500

L'évolution du transfert d'effort donné par le modèle théorique dans le cas de l'assemblage métallique-métallique est très proche de celui donnée par l'analyse par éléments finis (Figure 62). Dans le cas de l'assemblage métallique-composite, des différences apparaissent (Figure 63) tout en ayant une évolution similaire. Le point d'équivalence en contrainte dans les deux substrats est décalé (suivant la longueur de collage) d'environ 15% dans l'analyse par éléments finis. Il faut remarquer que la position de ce point varie fonction des caractéristiques des substrats : il est centré par rapport à la longueur de collage pour des substrats de rigidités globales équivalentes, et se décale de part et d'autre fonction du rapport de rigidité des substrats collés. Il faut remarquer que ce dernier cas d'étude est un cas très complexe. Les épaisseurs, les rigidités des substrats sont très différentes, entraînant une évolution complexe des contraintes dans l'assemblage. Le modèle théorique rend tout de même bien compte de ces évolutions.

- Assemblage plan à double recouvrement

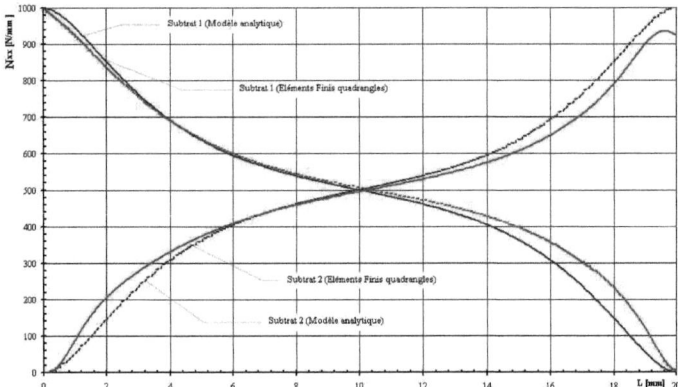

Figure 62. Les variations des contraintes axiales dans les deux substrats, dans un assemblage AU 2024 T3-AV 119-AU 2024 T3.

- Assemblage cylindrique

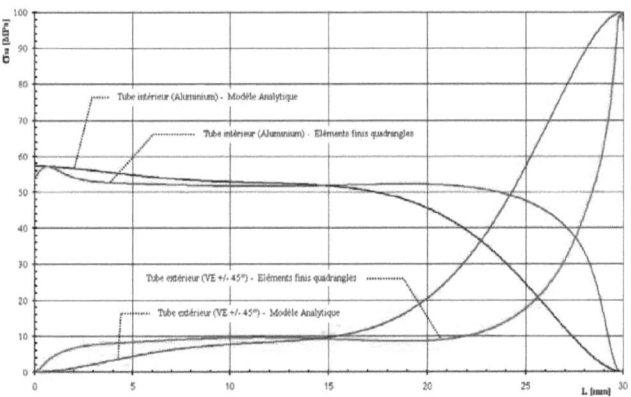

Figure 63. Les variations des contraintes axiales dans les deux tubes, dans l'assemblage AU 2024 T3-AV 119-VE ±45°.

5.2.3.2. Analyse des contraintes dans la colle

Les contraintes dans la colle doivent permettre de prédire la rupture de l'assemblage collé. Leur distribution est donc primordiale sur la prédiction de cet effort.

- Assemblage plan à double recouvrement

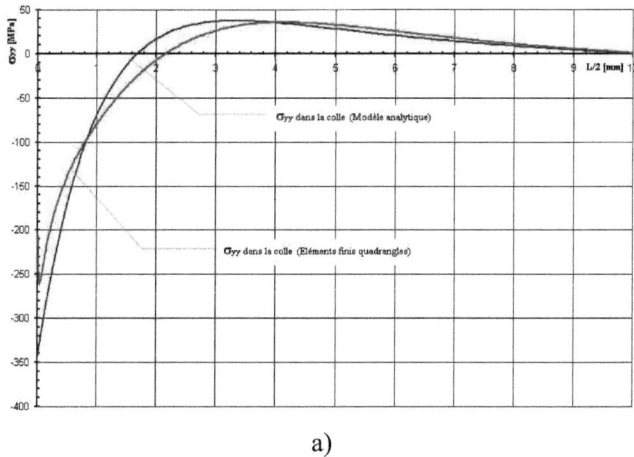

a)

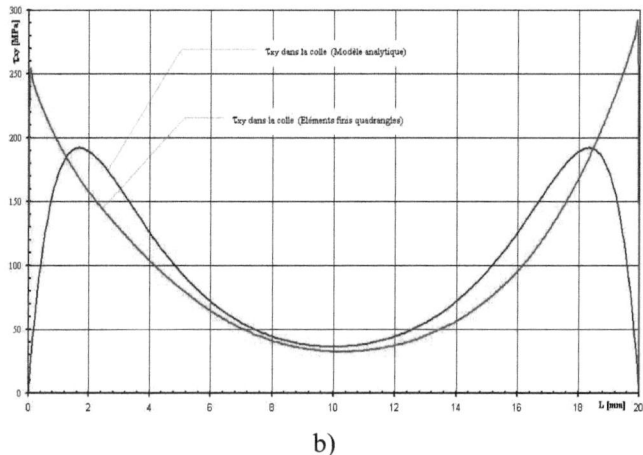

b)

Figure 64. Distribution des contraintes dans la couche de colle d'un assemblage plan AU 2024 T3-AV 119-AU 2024 T3 pour f = 1000 MPa :
a) pelage (σ_{yy}) ; b) de cisaillement (τ_{xy}).

Les figures 64 et 65 présentent la distribution en fonction de la longueur de collage, des contraintes de pelage et de cisaillement des deux cas de collage étudiés précédemment.

- Assemblage cylindrique

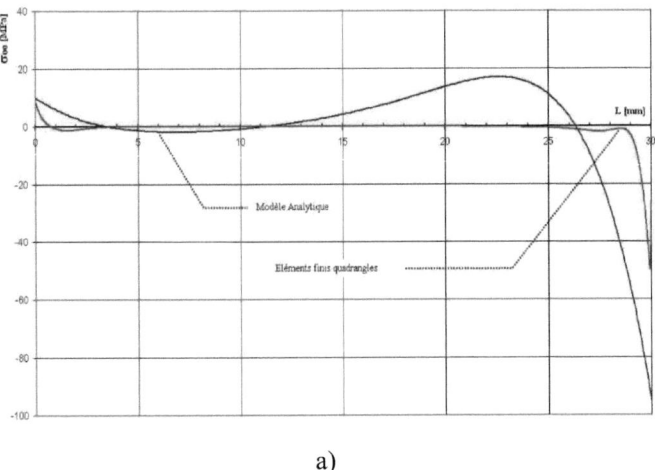

a)

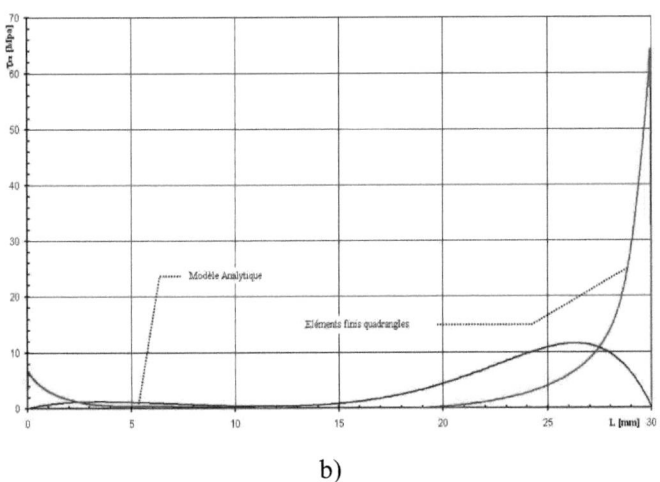

b)

Figure 65. Distribution des contraintes dans la couche de colle d'un assemblage cylindrique AU 2024 T3-AV 119-VE ±45° pour f = 100 MPa :
a) orthoradiale ($\sigma_{\theta\theta}$) ; b) de cisaillement (τ_{rz}).

Dans le cas du collage à double recouvrement, les contraintes données par le modèle théorique sont similaires à celles données par éléments finis. Les différences les plus importantes (30%) sont relevées sur les amplitudes maximales où le modèle théorique sous-estime ces valeurs : l'effet de bord dû à une flexion locale des substrats n'est pas pris en compte. On relève une différence encore plus importante dans le cas de l'assemblage cylindrique métallique-composite (Figure 65).

6. ANALYSE EXPÉRIMENTALE D'ASSEMBLAGES PLANS À DOUBLE RECOUVREMENT

6.1. Introduction

L'objectif de cette étude expérimentale est d'analyser le comportement des assemblages collés pour différentes configurations (matériaux différents, longueur de collage variable) afin de comparer nos modèles théoriques aux essais.

6.2. Expérimentation

6.2.1. Éprouvettes

Deux matériaux ont été utilisés pour mener à bien cette étude :
- un Carbone/Epoxy sous forme de nappes unidirectionnelles,
- un Aluminium 2024 T3.

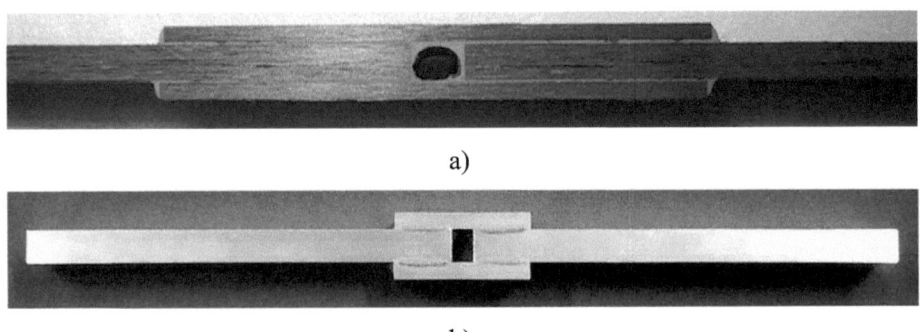

a)

b)

Figure 66. Assemblages sollicités en traction :
a) composite CE 0°; b) métallique - Aluminium

Les éprouvettes (Figure 66) sont réalisées à partir de plaques (200x300 mm²) en carbone/époxy unidirectionnel composées de 8 et 16 plis à 0°de référence T2H/EH25 et de plaques en aluminium (200x300mm²). Les trois longueurs de collage réalisées sont de 10 ; 20 et 40 mm pour les assemblages composites et de 10 ; 20 et 60 mm pour les assemblages métalliques.

Le collage est réalisé à l'aide de films de colle Redux 312/5 (annexe 9). L'épaisseur de la couche de colle est déterminée à postériori sous microscope optique (Figure 67).

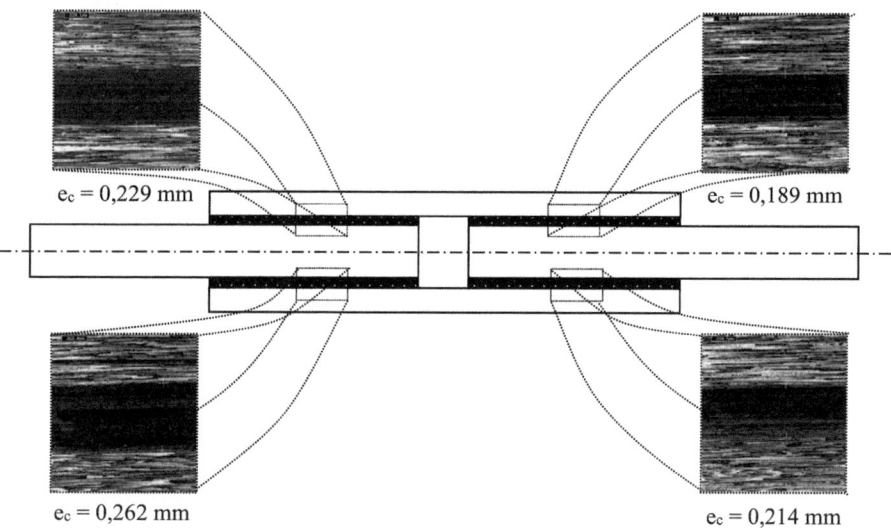

Figure 67. Épaisseur de la colle dans l'assemblage collé.

6.2.2. Instrumentation

Les essais en traction sont réalisés à l'aide d'une machine INSTRON 8862 (Figure 68). Le chargement est réalisé à déplacement imposé à la vitesse de 2 mm/min.

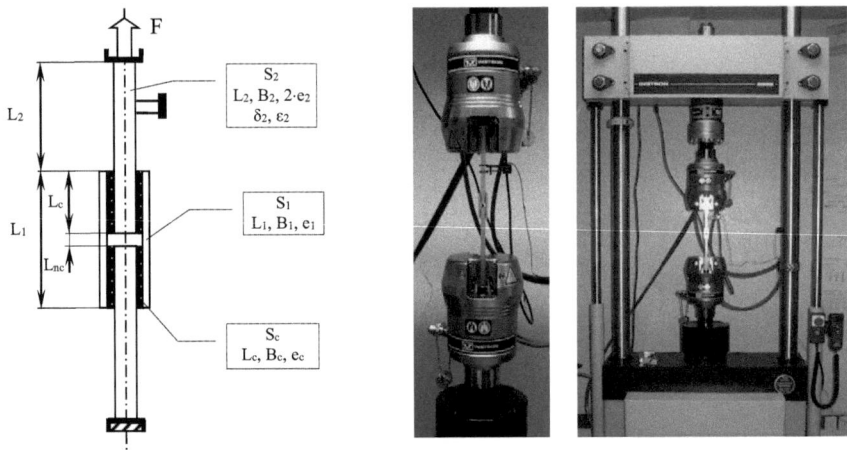

Figure 68. Schéma de l'instrumentation.

Pour certains essais, nous avons réalisé des montées en charges cycliques (4 à 5 cycles). L'acquisition du déplacement global, de l'effort appliqué et de la déformation du substrat principal est réalisée par une chaîne d'acquisition NICOLET-GOULD.

6.3. Analyse des résultats expérimentaux

6.3.1. Comportement mécanique

Les figures 69 et 70 montrent les résultats d'essais en terme de comportement global effort-déplacement et de contrainte-déformation dans le substrat principal, et ce pour les deux matériaux et les différentes longueurs. La rupture de l'assemblage a toujours été relevée par rupture du joint de colle.

Concernant le comportement global effort-déplacement, on peut remarquer que plus la longueur de collage augmente, plus ce comportement devient non linéaire. Ce non linéarité est essentiellement dû à la plasticité de la colle, sachant que le

111

comportement contrainte-déformation des substrats est linéaire pour les deux matériaux.

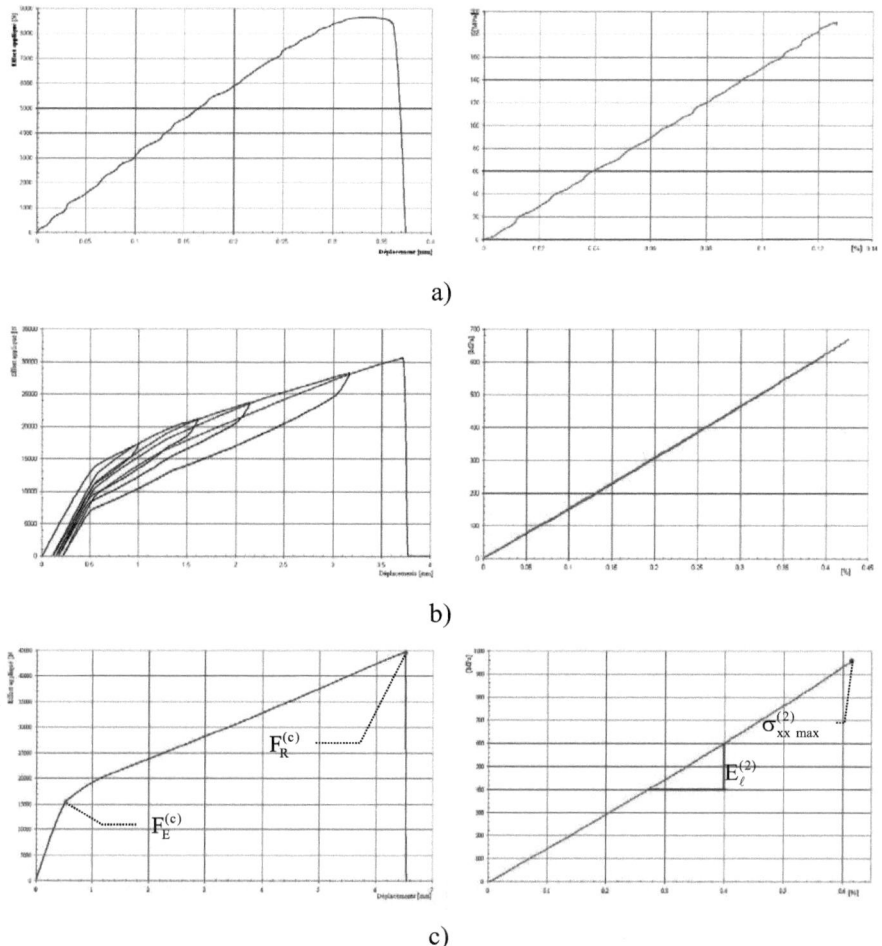

Figure 69. Efforts et contraintes appliqués sur les assemblages composites :
a) L = 10 mm ; b) L = 20 mm ; c) L = 40 mm

Sur ces graphiques, nous avons relevé les valeurs numériques des efforts et des déplacements à la rupture, à la limite élastique (point de changement de pente à l'origine du comportement effort-déplacement) et de la contrainte à la rupture dans le substrat principal (Tableau 6).

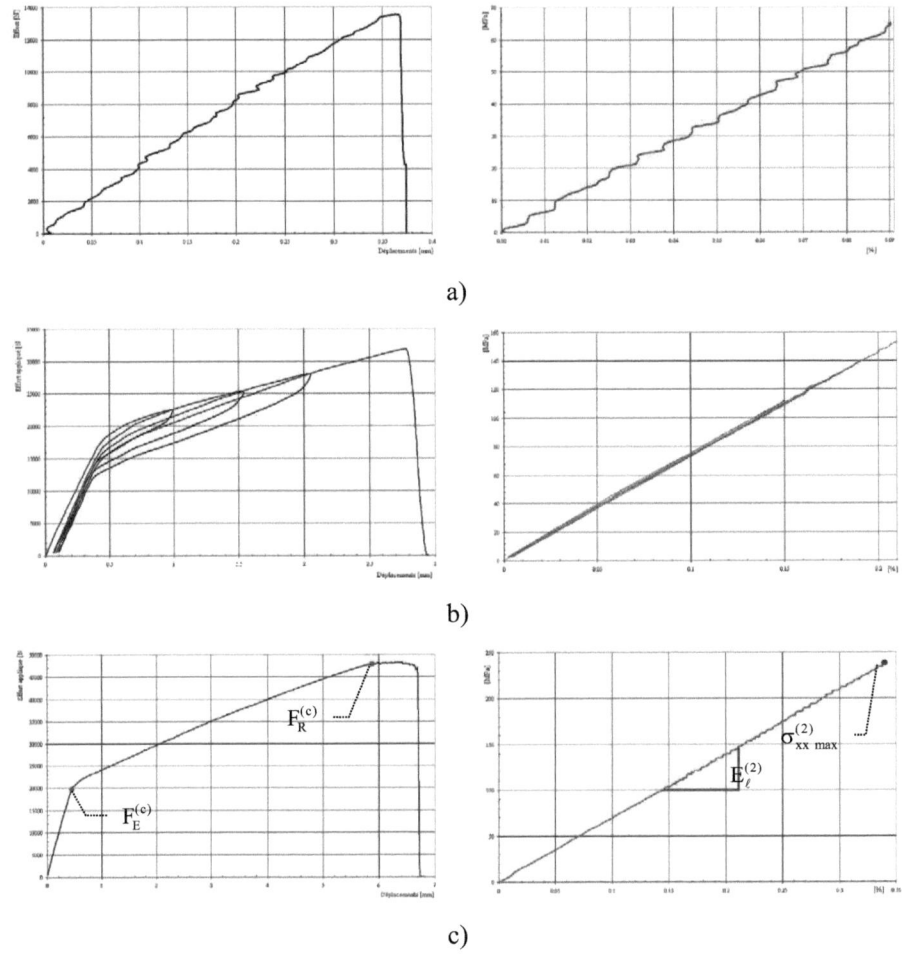

Figure 70. Efforts et contraintes appliqués sur les assemblages métalliques :
a) L = 10 mm ; b) L = 20 mm ; c) L = 60 mm

Le Tableau 6 indique aussi les contraintes de cisaillement à la rupture et à l'effort limite élastique calculées par la relation suivante :

$$\tau_{xy}^i = \frac{3}{4} \cdot \frac{F_i}{S_c} \tag{6.1}$$

Les résultats des essais sont présentés dans le Tableau 6.

Tableau 6. Résultats expérimentaux.

Essai N°		1.	2.	3.	4.	5.	6.	7	8.	9.	10.	11.	12.
e_1	[mm]	5,02	5,04	4,96	1,18	1,20	1,20	1,16	1,12	1,14	1,02	1,02	1,02
$2 \cdot e_2$	[mm]	10,04	10,02	10,08	2,30	2,34	2,30	2,30	2,28	2,30	2,34	2,36	2,32
e_c	[mm]	0,22	0,21	0,21	0,22	0,21	0,21	0,22	0,23	0,22	0,23	0,23	0,23
L_c	[mm]	10,40	20,08	59,20	12,70	12,30	12,00	23,00	22,70	22,50	40,10	40,30	40,40
B_2	[mm]	20,04	20,01	20,04	19,80	19,82	19,70	19,90	20,00	19,98	19,92	20,02	19,92
S_2	[mm^2]	201,2	200,5	202,0	45,54	46,37	45,31	45,77	45,60	45,95	46,61	47,24	46,21
S_c	[mm^2]	208,41	401,80	1186,3	251,46	243,78	236,40	457,70	454,00	449,55	798,79	806,80	804,76
δ_R	[mm]	0,363	2,788	6,334	0,449	0,366	0,335	3,732	2,586	2,586	6,505	5,968	5,129
$F_R^{(c)}$	[N]	13548,39	31659,06	48280,20	11665,28	10475,12	8645,62	30650,88	28031,36	28031,36	44589,64	45365,64	41329,91
δ_E	[mm]	0,250	0,361	0,416	0,301	0,239	0,251	0,555	0,544	0,553	0,552	0,542	0,545
$F_E^{(c)}$	[N]	10000,00	15174,39	18755,91	8716,16	8715,52	7371,80	13964,80	14357,12	14586,87	15821,80	15709,68	15962,64
$E_\ell^{(2)}$	[MPa]	72037,6	74768,6	72657,9	160413,8	158808,4	153300,8	157218,3	158454,0	157233,3	155617,8	154293,9	154724,9
$\sigma_{xx\,max}^{(2)}$	[MPa]	67,33	157,90	239,01	256,15	225,86	190,81	669,67	614,72	609,98	956,59	960,17	894,30
$\tau_{xy}^{(c)}$ τ_{xy}^E	[MPa]	35,98	28,32	11,85	25,99	26,81	23,38	22,88	23,71	24,33	14,85	14,60	14,87
τ_{xy}^R	[MPa]	48,75	59,09	30,52	34,79	32,22	27,42	50,22	46,30	46,76	41,86	42,17	38,51

Aluminium : essais 1–3
Composite – CE 0° : essais 4–12

6.3.2. Faciès de rupture : analyse de la surface de collage

Afin de valider le collage, nous devons vérifier la surface de collage, c'est-à-dire vérifier que la colle a bien accrochée aux substrats. Il doit rester de la colle sur chaque substrat. Les figures suivantes montrent pour chaque matériau et chaque longueur de collage le faciès de rupture de chaque éprouvette. On remarque bien que la colle a bien joué le rôle de transfert d'effort ; la rupture est bien obtenue dans le film de colle.

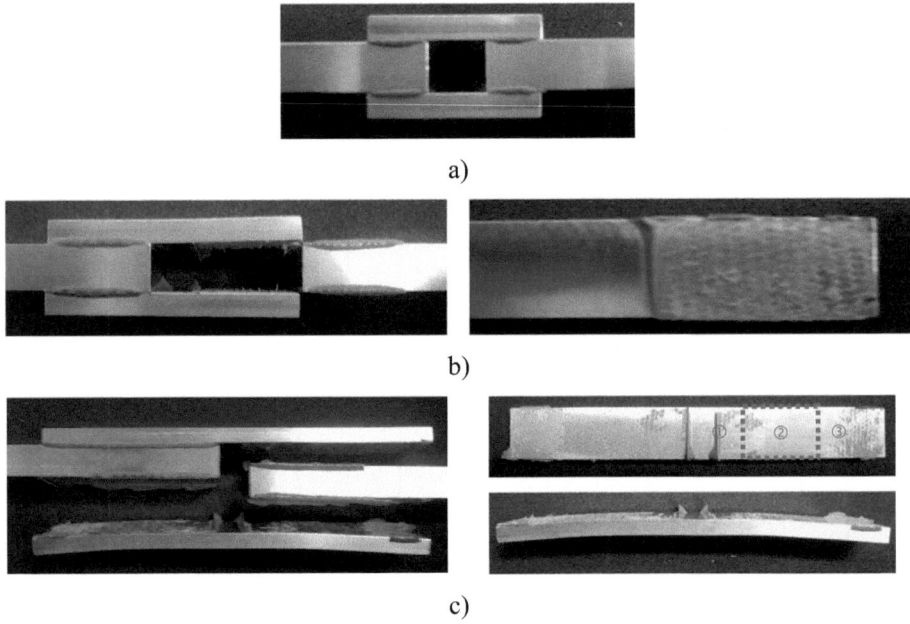

Figure 71. Aspect des surfaces collées après essais.
Assemblages métalliques collés.
a) L = 10 mm ; b) L = 20 mm ; c) L = 60 mm.

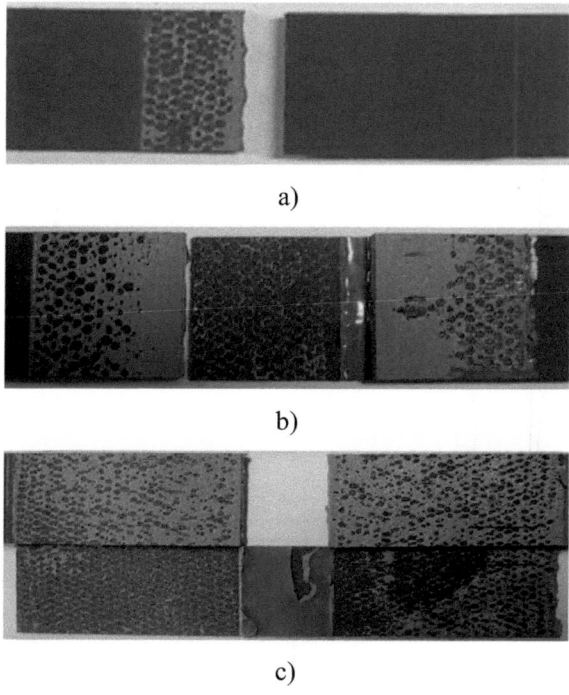

Figure 72. Aspect des surfaces collées après essais.
Assemblages composites collés.
a) L = 10 mm ; b) L = 20 mm ; c) L = 40 mm.

On peut remarquer aussi sur l'assemblage métallique de longueur de collage 60 mm (Figure 71), un faciès de rupture différent suivant la longueur. Sur chaque extrémité de la surface de collage, zone ① et ③, le faciès présente un aspect différent de celui de la zone ②. Si on analyse la distribution de la contrainte de cisaillement pour cette configuration (Figure 41), on remarque que la zone ② correspond en terme de longueur à la zone où la contrainte de cisaillement est nulle, alors que les zone ① et ③ correspondent à la zone de contrainte maximale.

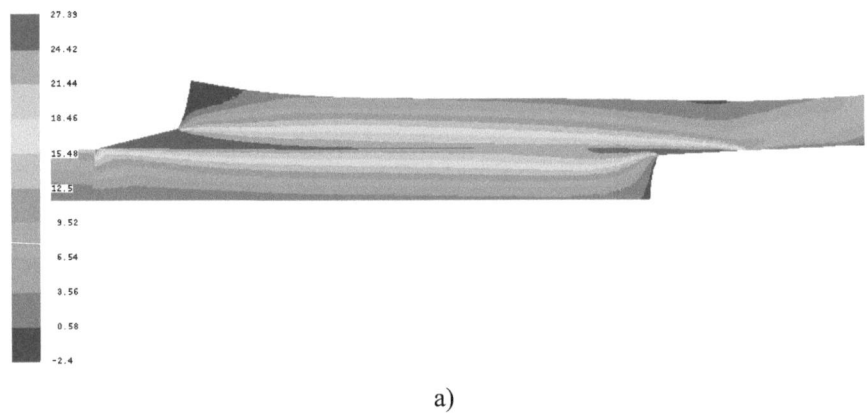

a)

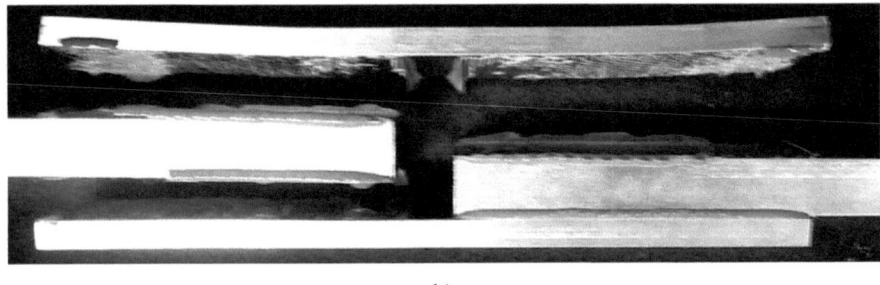

b)

Figure 73. Déformations dans l'assemblage collés : a) numérique ; b) essai.

On peut aussi remarquer la forme des substrats après rupture (Figure 73) dans le cas de l'assemblage métallique. La flexion secondaire dans les substrats a déformé ces derniers de manière permanente.

6.4. Modèle numérique : éléments finis

Le maillage, les conditions aux limites ainsi que toutes les hypothèses du modèle éléments finis sont identiques à ceux détaillés au paragraphe 5.2.1. L'assemblage collé à double recouvrement possédant deux plans de symétrie, seul un quart de la structure est modélisé (
Figure 74).

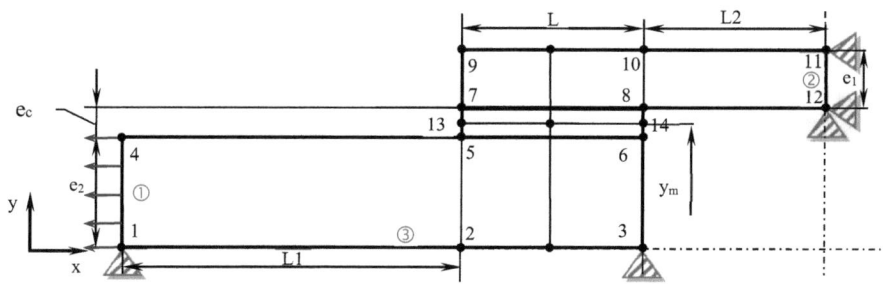

Figure 74. Schéma (CAO) de l'éprouvette utilisée pour les essais en traction.

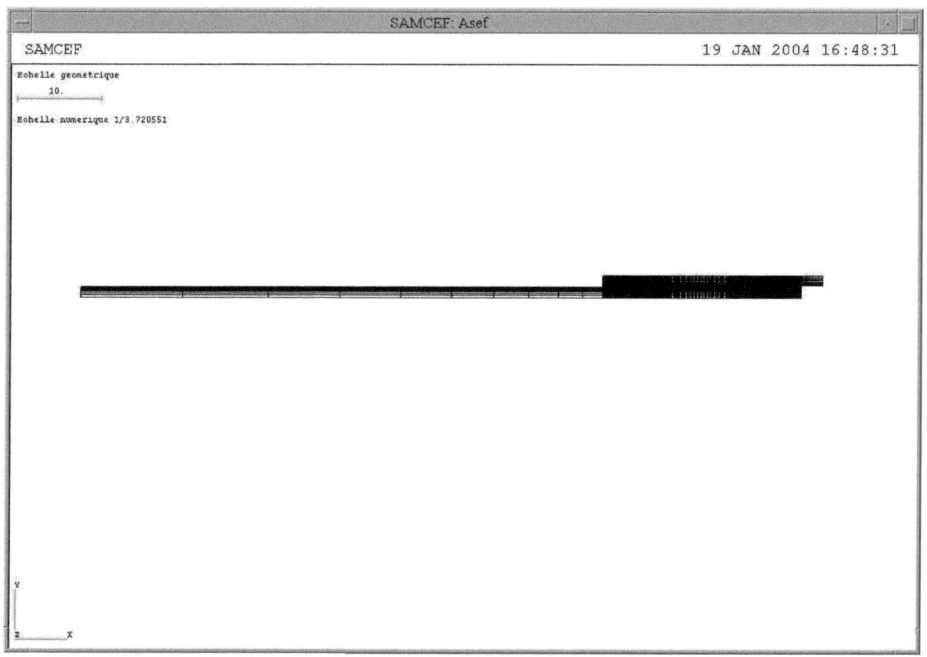

Figure 75. Modélisation numérique de l'assemblage collé.

La seule différence (Figure 75) réside dans le maillage de la taille réelle de l'assemblage (longueur du substrat principal, Figure 53).

6.5. Comparaison des résultats

6.5.1. Analyse du déplacement maximal

Comme lors de la comparaison du comportement global donné par le modèle analytique et les modèles éléments finis paragraphe 5.2.3.1, les figures 76 et 77 montrent la comparaison du déplacement maximal de l'assemblage relevé lors des essais et calculé analytiquement. Cette comparaison est donnée pour l'effort F_E, effort limite élastique (Tableau 6), seul comportement que l'on puisse comparer étant donné la non linéarité de ce dernier relevée lors des essais.

Le calcul du déplacement maximal est donné analytiquement par la somme des déplacements de chaque partie de l'assemblage (
Figure 74) à savoir :

- le déplacement de la partie de longueur L_2,
- le déplacement δ_L de la partie de longueur L (donné par le modèle analytique),
- le déplacement de la partie de longueur L_1.

Les parties 1 et 2 sont essentiellement soumises à un état de traction pure (vérifié à posteriori par éléments finis). Le déplacement maximal est alors donné par l'équation suivante :

$$\delta_{max} = \underbrace{\frac{F \cdot L_1}{E_1 \cdot S_1}}_{\delta_1} + \underbrace{\frac{F \cdot L_2}{E_1 \cdot S_2}}_{\delta_2} + \delta_L \qquad (6.2)$$

Les déplacements obtenus sont très proches de ceux relevés expérimentalement. Les écarts sont au maximum égaux à 5% (Figure 76 et Figure 77), tout en étant toujours inférieurs.

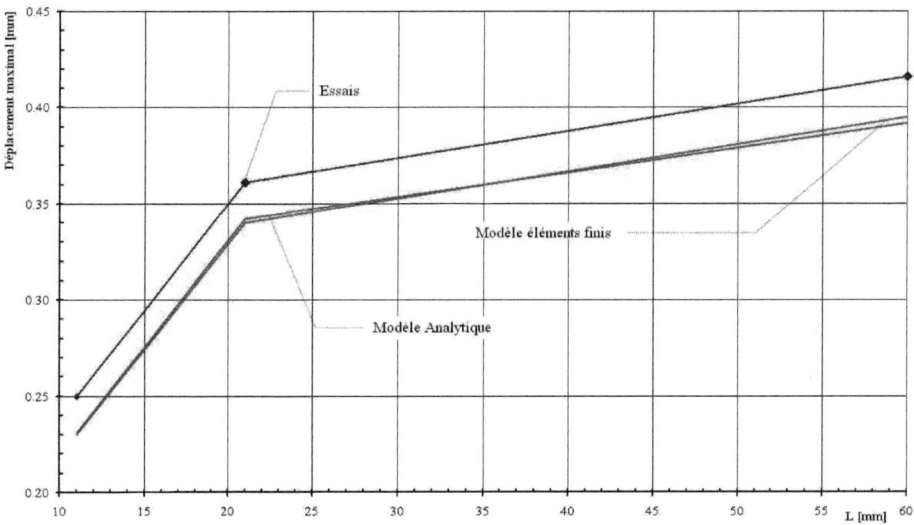

Figure 76. Déplacement maximal fonction de la longueur de recouvrement de l'assemblage collé en aluminium.

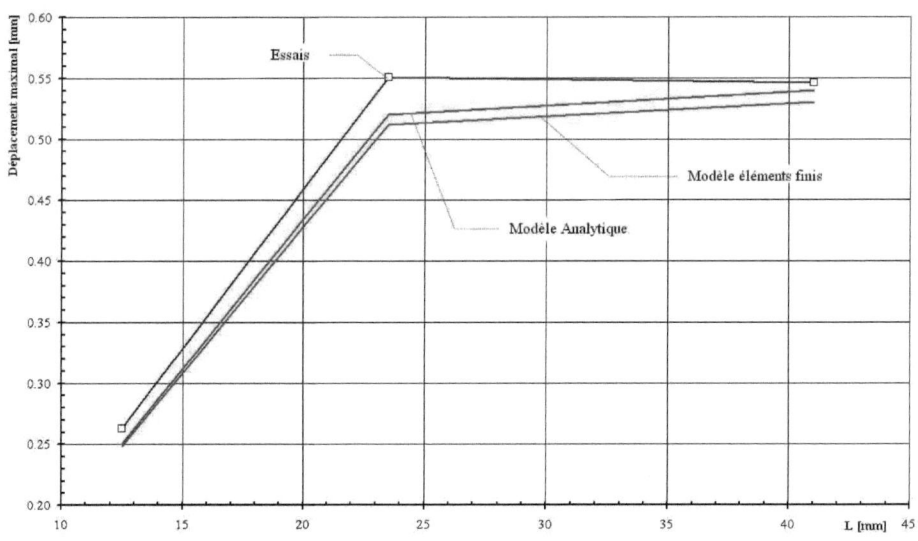

Figure 77. Déplacement maximal fonction de la longueur de recouvrement de l'assemblage collé en composite.

Il faut noter que la détermination de l'effort limite élastique est difficile ; le passage entre le comportement élastique et plastique est peu marqué (Figure 69 et Figure 70).

6.5.2. Critère de rupture

L'avantage d'un modèle analytique est la rapidité d'exploitation du modèle en fonction de tous les paramètres géométriques et matériaux. Ce modèle doit permettre rapidement de dimensionner un assemblage collé, de l'optimiser et notamment de prévoir la rupture du joint de colle. Pour ce faire, la Figure 78 montre l'évolution de l'effort à la rupture donné par le critère détaillé paragraphe 4.5.3.

Nous avons, sur les mêmes graphiques, présenté les évolutions suivantes :

- Evolution de $F_R = \sqrt{\dfrac{1}{K_T}}$ en fonction de L (modèle analytique)
- Evolution de F_R - valeurs expérimentales

Pour l'assemblage métallique, le critère donne des efforts à la rupture assez proches des valeurs expérimentales, tout en étant supérieures ; ceci à cause de la sous-estimation des contraintes dans la colle par le modèle analytique (non prise en compte de la flexion locale, des effets des bords). Le modèle ne prend pas en compte la plasticité de la colle.

Pour l'assemblage composite, de grands écarts entre la prévision de l'effort à la rupture et les valeurs expérimentales sont visibles (Figure 78). Ces écarts importants, sont dus aux remarques faites précédemment mais aussi dus au fait que le modèle analytique des assemblages colles à double recouvrement a été présenté en isotrope et non en orthotrope. Les contraintes de pelage et de cisaillement dans la colle sont alors surestimées (module transverse et de cisaillement plus faible pour un composite orthotrope), et donc l'effort à la rupture est sous-estimé par le modèle analytique.

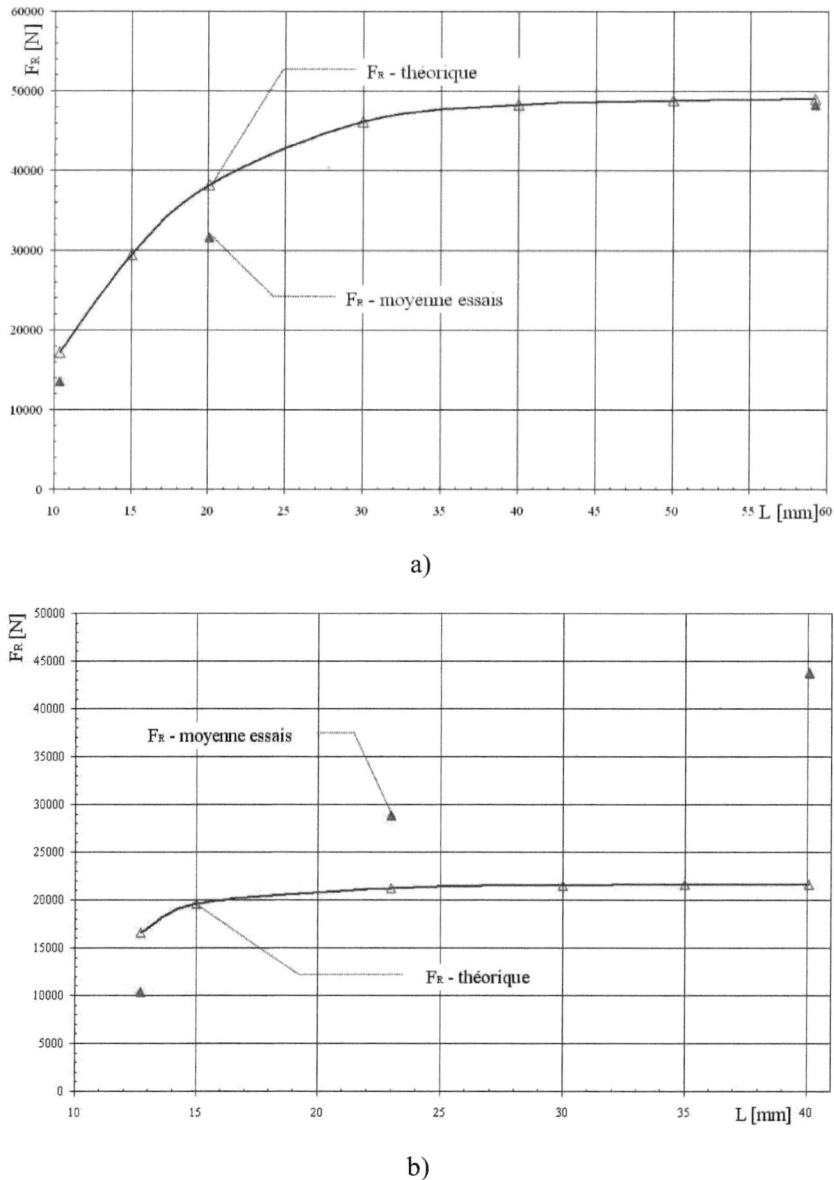

Figure 78. Evolution de l'effort à la rupture en fonction de la longueur de recouvrement : a) assemblages métalliques; b) assemblages composites.

CONCLUSIONS

Le collage est une méthode simple d'assemblage. Son intérêt réside dans le fait qu'il minimise l'usinage des pièces à assembler (perçage). Les performances des assemblages collés sont fonctions des performances de la colle utilisée. Les colles de dernières générations livrées sous forme de film permettent de minimiser les opérations de collage et augmentent grandement la tenue mécanique. Cependant, l'ingénieur de bureau d'études doit avoir à sa disposition des méthodes et/ou des codes de calculs de pré dimensionnement fiables et à marges connues.

L'objectif de notre étude a été de développer des modèles entièrement analytiques pour l'aide au dimensionnement des assemblages collés. Pour cela nous nous sommes placés dans deux cas d'assemblage :

- assemblage cylindrique,
- assemblage plan.

La base de nos modèles analytiques, est réalisée sur l'analyse des contraintes appliquées sur un volume élémentaire de l'assemblage considéré respectant les conditions aux limites, la géométrie et les matériaux de l'assemblage. L'application d'une méthode énergétique permet d'aboutir à la solution du problème en contrainte en tout point de la structure. La loi de comportement permet par la suite d'obtenir les déformations, puis par intégration les déplacements. Le problème en contrainte, déformation et déplacements est alors entièrement déterminé.

Pour chaque assemblage, une étude paramétrique (paramètres géométriques et physiques) a été réalisée afin d'en déduire les longueurs de collage optimales et l'influence des rigidités des substrats sur la distribution de contraintes dans le joint de colle.

La validation des modèles est présentée par comparaison avec des modèles éléments finis. Pour chaque assemblage, le comportement global effort-déplacement est bien retranscrit. Ainsi le modèle analytique permet donc de déterminer la rigidité de l'assemblage et d'obtenir très rapidement une formulation simple donnant le comportement global de l'assemblage.

La comparaison a aussi été réalisée sur la distribution de contrainte dans les substrats et le joint de colle. Nous avons bien montré que le transfert d'effort par le collage est bien déterminé par le modèle. La distribution de contrainte dans la colle reste très proche de la solution donnée par éléments finis et ceux pour différents types d'éléments modélisant la colle.

Enfin, l'utilisation d'un critère en contrainte maximale dans la colle a permis de réaliser une comparaison de la tenue d'assemblages à double recouvrement entre notre modèle analytique et le résultat d'essais sur des assemblages métalliques et composites.

Il en résulte que la prise en compte dans le critère, des contraintes de pelage, est essentielle. Les efforts à la rupture sont proches des valeurs expérimentales dans le cas de l'assemblage métallique et assez différents pour l'assemblage composite.

Il faut noter que le comportement relevé expérimentalement est fortement non linéaire en fonction de la longueur de collage.

Le modèle analytique sous-estime les contraintes dans la colle aboutissant à une surestimation des efforts à la rupture. Dans le cas de l'assemblage composite, la non prise en compte dans le modèle de l'orthotropie du matériau entraîne un écart plus important sur la prévision des valeurs limites.

Cependant, ce modèle est fiable et permet une analyse rapide de ce type d'assemblage.

RÉFÉRENCES BIBLIOGRAPHIQUES

[1] Couvrat, P., *Le collage Structural moderne : Théorie et Pratique*, Edition Lavoisier, Paris, 1992.

[2] Halioui, M., Lieurade, H.P., *Les joints collés à simple recouvrement - Les facteurs du comportement mécanique*, Matériaux et Techniques, N° 3 - 4, pp. 17-28, 1991.

[3] Gay, D., *Matériaux Composites*, 4ème édition, Hermes, Paris, 1997, ISBN 2-86601-586-X.

[4] Kuno, J.K., *Structural Adhesives and Bonding*, Proceedings of the Structural Adhesives Bonding Conferences, El Segundo, USA, 1979.

[5] Tsai, M.Y., Morton, J., Krieger, R.B., Oplinger, D.W., *Experimental Investigation of the Thick-Adherent Lap Shear Test*, Journal of Advanced Mechanics, pp. 28-36, April 1996.

[6] Vinson, J.K., *Adhesive Bonding of Polymer Composites*, Polymer Engineering and Science, Vol. 29, No. 19, pp. 1325-1331.

[7] MIL-HDBK-17-3E, *The composite Materials Handbook - MIL 17*, Chapter 5 - Structural behaviour of joints, pp. 5-1 - 5-73.

[8] Konate, M., *Etude expérimentale du comportement mécanique à la rupture par cisaillement de films d'adhésif*, Revue Française de Mécanique, N° 4, 1990.

[9] Volkersen, O., *Die Nietkraftverteilung in Zugbeanspruchten Neitverbeindungen mit Konstanten Laschequerschnitten*, Luftfahrtforschung, Vol. 15, pp. 41-47, 1938.

[10] Goland, M., Buffalo, N.Y., Reissner, E., *The stresses in cemented joints*, Transaction of ASME, Journal of Applied Mechanics, Vol. 66, pp. A 17-A 27, 1944.

[11] Hart-Smith, L.J., *Adhesive-bonded single lap joints*, Douglas Aircraft Co., NASA-CR-112236, 1973.

[12] Renton, W.J., Vinson, J.K., *Analysis of adhesively bonded joints between panels of composite materials*, Journal of Applied Mechanics, March 1977, pp. 101-106, 1977.

[13] Ojalvo, I.U., Eidinoff, H.L., *Bond Thickness effect upon stresses in single-lap adhesive joints*, AIAA Journal, Vol. 16, n° 3, pp. 204-211, 1978.

[14] Bigwood, D.A., Crocombe, A.D., *Elastic analysis and engineering design formula for bonded joints*, International Journal of Adhesion & Adhesives, Vol. 9, N° 4, pp. 229-242, Oct. 1989.

[15] Allman, D.J., *A theory for elastic stresses in adhesive bonded lap joints*, Journal of Mechanical Applied Mathematics, Vol. 30, pp. 415-436, 1977.

[16] Volkersen, O., *Recherche sur la théorie des assemblages collés*, Construction métallique, n° 4, pp. 3-13, 1965.

[17] Gilibert, Y., Rigolot, A., *Théorie élastique de l'assemblage collé à double recouvrement : utilisation de la méthode des développement asymptotiques raccordés au voisinage des extrémités*, Matériaux et Constructions, Vol. 18, N° 107, pp. 363-387, 1985.

[18] Gilibert, Y., Rigolot, A., *Analyse asymptotique des assemblages à double recouvrement sollicité en cisaillement par traction*, Mécanique des solides, Vol. 288, pp. 287-290, 1979.

[19] Gilibert, Y., *Le comportement mécanique d'un assemblage collé. Analyse expérimentale et théorique dans le cas du double recouvrement*, Matériaux et techniques, pp. 5-16, 1991.

[20] Liyong Tong, *Bond shear strength for adhesive bonded double-lap joints*, International Journal of Solids Structures, Vol. 31, n° 21, pp. 2919-2931, 1994.

[21] Ishai, O., Gali, S., *Two dimensional interlaminar stress distribution within the adhesive layer of a symmetrical doubler model*, Journal of Adhesion, Vol. 8, pp. 301-312, 1977.

[22] Adams, R.D., Peppiat, N.A., *Stress analysis of adhesive-bonded lap joints*, Journal of Strain Analysis, Vol. 9, N° 3, pp. 185-196, 1974.

[23] Tsai, M.Y, Oplinger, D.W., Morton, J., *Improved theoretical solutions for adhesive lap joints*, Int. J. Solid Structures, Vol. 35, No. 12, pp. 1163-1185, 1998.

[24] Mortensen, F., Thomsen, O.T., *Coupling effects in adhesive bonded joints*, Composite Structures, Vol. 56, pp. 165-174, 2002.

[25] Mortensen, F., Thomsen, O.T., *Analysis of adhesive bonded joints: a unified approach*, Composite Science and Technology, Vol. 62, pp. 1011-1031, 2002.

[26] Adams, R.D., Peppiatt, N.A., *Stress analysis of adhesive bonded tubular lap joints*, Journal of Adhesion, Vol. 9, pp. 1-18, 1977.

[27] Shi, Y.P., Cheng, S., *Analysis of adhesive-bonded cylindrical lap joints subjected to axial load*, Journal of Engineering Mechanics, Vol. 119, pp. 584-602, 1993.

[28] Lubkin, L., Reissner, E., *Stress distribution and design data for adhesive lap joints between circular tubes*, Trans. Of ASME, Journal of Applied Mechanics, Vol. 78, pp. 1213-1221, 1956.

[29] Alwar, R.S., Nagaraja, Y.R., *Viscoelastic analysis of an adhesive tubular joint*, Journal of Adhesion, Vol. 8, pp. 76-92, 1976.

[30] Therekhova, L.P., Skoryi, I.A., *Stresses in bonded joints of thin cylindrical shells*, Strength of materials, Vol. 4, N° 10, pp. 1271-1274, 1971.

[31] Kukovyankin, A., Skorkyi, I.A., *Stresses in cylindrical joints*, Russian Engineering Journal, N° 4, pp. 40-43, 1972.

[32] Gilibert, Y., Rigolot, A., *Assemblage par adhésion de deux tiges cylindriques sollicitées en traction*, Mechanics Research Communications, Vol. 8, pp. 296-274, Pergamon Press, 1981.

[33] Dandache, M., Gilibert, Y., Rigolot, A., *Analyse théorique et expérimentale des singularités d'extrémités dans un assemblage de tubes collés : application au cas d'un joint mince*, Adhésifs, XVIII Congrès AFTPV, Nice, pp. 110-123, 1989.

[34] Armengaud, G., *Calcul explicite (analytique et numérique) des champs de contraintes dans des structures élancées homogènes et composites à l'aide de méthodes énergétiques*, Thèse de Doctorat, Université Paul Sabatier, Toulouse, France, 1996.

[35] Leroux, S., *Etude des contraintes engendrées par une pression interne dans un assemblage cylindrique composite collé*, D.E.A de Génie Mécanique de L'université Paul Sabatier – Toulouse III, 1995

[36] Germain, P., Muller, P., *Introduction à la mécanique des milieux continus*, $2^{\text{ème}}$ édition, Masson, Paris, 1995, ISBN 2-225-84508-5.

[37] Abbot, E.A., Scott, M.L., *The case for multidisciplinary design approaches for smart fibre composite structures*, Composite Structures, Vol. 58, pp. 349-362, 2002.

[38] Adda-Bedia, E., Bounazef, M., BelBachir, S., *Analyse et évaluation des contraintes dans le collage des structures planes en matériaux composites*, 13èmes Journées Nationales sur les Composites, AMAC, Strasbourg, pp. 275-282, 2003, ISBN 2-9505117-5-9.

[39] Al-Samhan, A., Darwish, S.M.H., *Strength prediction of weld-bonded joints*, International Journal of Adhesion & Adhesives, Vol. 23, pp. 23 - 28, 2003.

[40] Baïlon, J.-P., Dorlot, J.-M., *Des Matériaux*, 3ème édition, Presses Internationales Polytechnique, Montréal, 2000, ISBN 2-553-00770-1.

[41] Berthelot, J.-M., *Matériaux composites. Comportement mécanique et analyse des structures*, 3ème édition, Editions TEC&DOC, Paris, 1999, ISBN 2-7430-0349-9.

[42] Boss, J.N., Ganesh, V.K., Lim, C.T. *Modulus grading versus geometrical grading of composite adherents in single-lap bonded joints*, Composite Structures, 61, 2003.

[43] Cheng, Y., Yiu-Wing, M., Lin, Y., *Crack tip stress fields and fracture toughness in adhesive joints*, ICCM12, Paris, 1999.

[44] Chiu, W.K., Galea, S., Jones, R., *The role of material nonlinearities in composite structures*, Composite Structures, Vol. 38, pp. 71-81, 1997.

[45] Coirier, J., *Mécanique des milieux continus, cours et exercices corrigés*, 2ème édition, Dunod, Paris, 2001, ISBN 2-10-005381-7.

[46] Cui, J., Wang, R., Sinclair, A.N., Spelt, J.K., *A calibrated finite element model of adhesive peeling*, International Journal of Adhesion & Adhesives, N° 23, 2003, pp. 199-206.

[47] Decolon, Ch., *Structures composites, calcul des plaques et des poutres multicouches*, Hermes, Paris, 2000, ISBN 2-7462-0114-3.

[48] U.S. Department of Transportation, *DOT/FAA/AR-01/33 Investigation of Thick Bondline Adhesive Joints*, Springfield, Virginia, 2001.

[49] Dubigeon, S., *Mécanique des milieux continus*, 2^{éme} édition, Editions TEC&DOC, Nantes, 1998, ISBN 2-912 985-00-5.

[50] Gander W., Hřebíček, J., *Solving Problems in Scientific Computing Using Maple and MATLAB*, 3rd edition, Springer, Berlin, 2002, ISBN 3-540-58746-2.

[51] Her, S.-C., *Stress analysis of adhesively-bonded lap joints*, Composite Structures, Vol. 47, pp. 673-678, 1999.

[52] Hu, N., Wang, B., Sekine, H., Yao, Z., Tan, G., *Shape-optimum design of a bi-material single-lap joint*, Composite Structures, Vol. 41, pp. 315-330, 1998.

[53] Jeandreau, P., *Méthodes de calculs des assemblages colles*, Technologies et formation, N° 5, pp. 39-41, 1989.

[54] Kihara, K., Isono, H., Yamabe, H., Sugibayashi, T., *A study and evaluation of the shear strength of adhesive layers subjected to impact loads*, International Journal of Adhesion & Adhesives, N° 23, pp. 253-259, 2003.

[55] Kum, C.S., Kim, Y.G., Lee, D.G., *Adhesively bonded lap-joints for the composite-steel shell structure of high-speed vehicles*, Composite Structures, Vol. 38, pp. 215-227, 1997.

[56] Li, G., Lee-Sullivan, P., Thring, R.W., *Nonlinear finite element analysis of stress and strain distributions across the adhesive thickness in composite single-lap joints*, Composite Structures, Vol. 49, pp. 395-406, 1999.

[57] Martin, M., *Calcul des assemblages collés avec des adhésives élastoplastiques*, XVIIIe Congrès AFTPV, Nice, pp. 6-13, Ed. EREC, 1989.

[58] Moreau, N., Geoffroy, P., *Etude numérique et expérimentale d'assemblages collés composites multi-étages*, 9^{émes} Journées Nationales sur les Composites, AMAC, Saint Etienne, pp. 803-812, 1994, ISBN 2-9505117-2-4.

[59] Owens, J.F.P., Lee-Sullivan, P., *Stiffness behaviour due to fracture in adhesively bonded composite-to-aluminium joints I. Theoretical model*, International Journal of Adhesion & Adhesives, Vol. 20, pp. 39-40, 2000.

[60] Pereira, A.B., de Morais, A.B., *Strength of adhesively bonded stainless steel joints*, International Journal of Adhesion & Adhesives, N° 23, 2003, pp. 315-322,

[61] Pires, I., Quintino, L., Durodola, J.F., Beevers, A., *Performance of bi-adhesive bonded aluminium lap joints*, International Journal of Adhesion & Adhesives, N° 23, 2003, pp. 215-223.

[62] Portela, A., Charafi, A., *Finite Elements Using Maple. A Symbolic Programming Approach*, Springer, Berlin, 2002, ISBN 3-540-42986-7.

[63] Roy, A., Gacougnolle, J.L., *Assemblages collés composite/composite et composite/acier : sensibilité à la vitesse de leur résistance à la rupture en traction*, 9^{émes} Journées Nationales sur les Composites, AMAC, Saint Etienne, pp. 793-802, 1994, ISBN 2-9505117-2-4.

[64] Qin, M., Dzenis, Y., *Non-linear numerical and experimental analysis of single lap adhesive composite joints with delaminated adherents*, ICCM 13, Beijing, 2001.

[65] Quignon, P., *Calcul des contraintes d'interface dans un matériau bi-couche précontraint*, 9^{émes} Journées Nationales sur les Composites, AMAC, Saint Etienne, pp. 813-822, 1994, ISBN 2-9505117-2-4.

[66] Shakeri, M., Eslami, M.R., Alibiglu, A., *Elasticity solution for thick laminated circular cylindrical shallow and non-shallow panels under dynamic load*, ICCM 13, Beijing, 2001.

[67] Sokolnikoff, I.S., *Mathematical Theory of Elasticity*, 2nd edition, McGraw-Hill Book Company, New-York, 1956

[68] Tong, L., Sun, X., *Stress analysis of bonded curved joints with non-uniform adhesive thickness*, ICCM 13, Beijing, 2001.

[69] Wild, P.M., Vickers, G.W., *Analysis of filament-wound cylindrical shells under combined centrifugal, pressure and axial loading*, Composite Part A: Applied Science and Manufacturing, Vol. 47A, pp. 47-55, 1996.

[70] Young, W.C., *ROARK'S Formulas for Stress and Strain*, McGraw-Hill, 1989.

[71] Nemes, O., Lachaud, F., Mojtabi, A., *Contribution to the study of cylindrical adhesive joining*, International Journal of Adhesion & Adhesives, Vol. 26, Issue 6, 2006.

[72] Nemes, O., Lachaud, F., Mojtabi, A., *Analyse théorique de la répartition des contraintes dans les assemblages cylindriques collés*, Mécanique et Industries, soumis 2004.

[73] Corigliano, A., Mariani, S., *Parameter identification of a time-dependent elastic-damage interface model for the simulation of debonding in composites*, Composite Science and Technology, Vol. 61, pp. 191-203, 2001.

[74] Yan, A-M., Marechal, E., Nguyen-Dang, H., *A finite-element model of mixed-mode delamination in laminated composites with an R-curve effect*, Composite Science and Technology, Vol. 61, pp. 1413-1427, 2001.

[75] Allix, O., Corigliano, A., *Geometrical and interfacial non-linearities in the analysis of delamination in composites*, International Journal of Solids and Structures, Vol. 36, pp. 2189-2216, 1999.

ANNEXES

ANNEXE 1 - Résolution de l'équation différentielle

Nous avons l'équation différentielle :

$$E\frac{d^4\sigma_{zz}^{(1)}(z)}{dz^4} + (B-C)\frac{d^2\sigma_{zz}^{(1)}(z)}{dz^2} + A\sigma_{zz}^{(1)}(z) + \frac{D}{2} = 0 \quad (A.1)$$

A>0 ; E>0 ; B-C - $\forall$.

L'équation différentielle à résoudre est du quatrième ordre à coefficients constants. L'équation caractéristique correspondante s'écrie :

$$Er^4 + (B-C)r^2 + A = 0 \quad (A.2)$$

En posant $Q = r^2$ nous obtenons : $EQ^2 + (B-C)Q + A = 0 \quad (A.3)$

où Q_1 et Q_2 désignent les deux racines de l'équation bicarrée (A.3) et $\Delta = (B-C)^2 - 4AE$ son discriminant, ces racines s'écrivent :

$$Q_1 = \frac{-(B-C) + \sqrt{(B-C)^2 - 4AE}}{2E} \text{ et } Q_2 = \frac{-(B-C) - \sqrt{(B-C)^2 - 4AE}}{2E} \quad (A.4)$$

Or nous avons le produit des racines strictement positif ($Q_1Q_2 = \frac{A}{E} > 0$) donc Q_1 et Q_2 seront toujours de même signe.

Le produit AE étant toujours positif, le signe et la nature des racines, qui conditionnent l'écriture de la solution, sont directement fonction du signe du discriminant Δ. Nous allons par conséquent examiner les différents cas possibles.

Premier cas : $\boxed{\Delta < 0}$ soit $(B-C)^2 < 4AE$. Alors les deux racines Q_1 et Q_2 sont complexes conjuguées et peuvent s'écrire : $Q_1 = \alpha + i\beta$ et $Q_2 = \alpha - i\beta \quad (A.5)$

Les quatre racines de l'équation caractéristique s'écrivent alors :

$R_1 = a+ib$, $R_2 = -a+ib$, $R_3 = a-ib$, $R_4 = -a-ib \quad (A.6)$

La solution de l'équation différentielle est donc de la forme :

$$\boxed{\sigma_{zz}^{(1)}(z) = e^{az}(C_1 \cos bz + C_2 \sin bz) + e^{-az}(C_3 \cos bz + C_4 \sin bz) - \frac{D}{2A}} \quad (A.7)$$

Deuxième cas : $\boxed{\Delta = 0}$ soit $(B-C)^2 = 4AE$ d'où $Q_1 = Q_2 = -\frac{(B-C)}{2E} \quad (A.8)$

Nous avons deux sous cas suivant le signe de (B-C)

Premier sous cas : $(B-C) > 0$ alors $Q_1 = Q_2 < 0$. Les quatre racines de l'équation caractéristique s'écrivent alors : $R_1 = R_2 = -R_3 = -R_4 = a\,i = i\sqrt{\frac{(B-C)}{2E}} \quad (A.9)$

La solution de l'équation différentielle est alors de la forme :
$$\boxed{\sigma_{zz}^{(1)}(z) = C_1 \cos az + C_2 \sin az + z(C_3 \cos az + C_4 \sin az) - \frac{D}{2A}} \quad (A.10)$$

Deuxième sous cas : $(B-C) < 0$ alors $Q_1 = Q_2 > 0$. Les quatre racines de l'équation caractéristique s'écrivant alors : $R_1 = R_2 = -R_3 = -R_4 = a = \sqrt{\frac{-(B-C)}{2E}}$ (A.11)

La solution de l'équation différentielle est alors de la forme :
$$\boxed{\sigma_{zz}^{(1)}(z) = C_1 e^{az} + C_2 e^{-az} + z(C_3 e^{az} + C_4 e^{-az}) - \frac{D}{2A}} \quad (A.12)$$

Troisième cas : $\boxed{\Delta > 0}$ Nous rencontrons encore deux sous cas suivant le signe de (B-C).

Premier sous cas : $(B-C) > 0$ alors Q_1 et Q_2 sont réels négatifs. Les quatre racines de l'équation caractéristique s'écrivent alors : $R_1 = -R_2 = i\sqrt{|Q_1|}$ et $R_3 = -R_4 = i\sqrt{|Q_2|}$ (A.13)

La solution de l'équation différentielle est alors de la forme :
$$\boxed{\sigma_{zz}^{(1)}(z) = C_1 \cos\beta_1 z + C_2 \sin\beta_1 z + C_3 \cos\beta_2 z + C_4 \sin\beta_2 z - \frac{D}{2A}} \quad (A.14)$$

avec : $\beta_1 = \sqrt{|Q_1|}$; $\beta_2 = \sqrt{|Q_1|}$

Deuxième sous cas : $(B-C) < 0$ alors Q_1 et Q_2 sont réels positifs. Les quatre racines de l'équation caractéristique s'écrivent alors : $R_1 = -R_2 = \sqrt{Q_1}$ et $R_3 = -R_4 = \sqrt{Q_2}$ (A.15)

La solution de l'équation différentielle est alors de la forme :
$$\boxed{\sigma_{zz}^{(1)}(z) = C_1 e^{R_1 z} + C_2 e^{-R_1 z} + C_3 e^{R_3 z} + C_4 e^{-R_3 z} - \frac{D}{2A}} \quad (A.16)$$

Pour toutes les configurations détaillées ci-dessus, la détermination des quatre constantes C_1, C_2, C_3 et C_4 sera effectuée à l'aide des quatre conditions aux limites (A.17), (A.18), (A.19) et (A.20) :

$$\sigma_{zz}^{(1)}(z=0) = q \quad (A.17)$$

$$\frac{d\sigma_{zz}^{(1)}}{dz}(z=0) = 0 \quad (A.18)$$

$$\sigma_{zz}^{(1)}(z=L) = 0 \quad (A.19)$$

$$\frac{d\sigma_{zz}^{(1)}}{dz}(z=L) = 0 \quad (A.20)$$

ANNEXE 2 - Coordonnées cylindriques ou semi-polaires

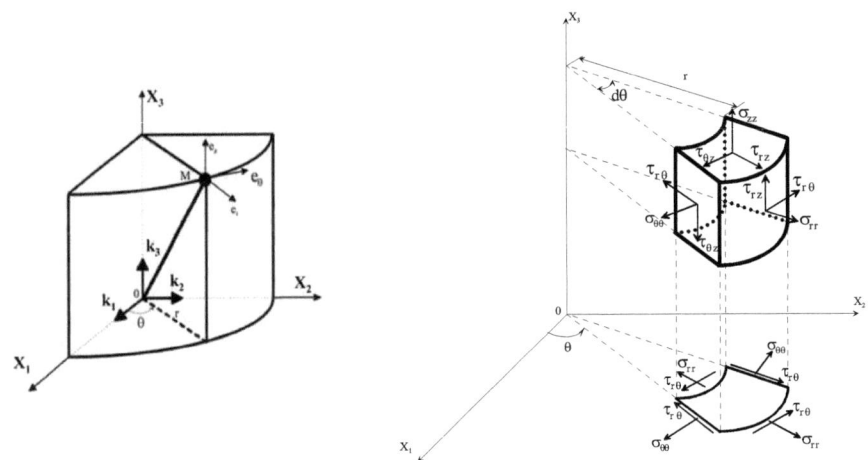

Figure 79. Coordonnées cylindriques ou semi-polaires.

x^1, x^2, x^3 - coordonnées curvilignes permettant de repérer les points de l'espace Σ.

e_z, e_r, e_θ - vecteurs unitaires associés à la base locale en M.

h_1, h_2, h_3 - fonctions continûment dérivables de x^1, x^2, x^3, que l'on peut, sans restreindre la généralité, supposer positives.

$\vec{u}$ - vecteur déplacement avec les composantes $(u_r, u_\theta, w,)$

Définition :

$x^1 = r$, $x^2 = \theta$, $x^3 = z$; $h_1 = 1$, $h_2 = r$, $h_3 = 1$;

$$\overrightarrow{OM} = r \cdot \vec{i} + z \cdot \vec{k} \qquad (A.21)$$

Le point M est repéré par ses coordonnées (r, θ, z)

$(\vec{i}, \vec{j}, \vec{k})$ - repère orthonormé associé

$(\vec{e}_1, \vec{e}_2, \vec{e}_3)$ - repère naturel

$$\vec{e}_r = \frac{\partial \overrightarrow{M}}{\partial r} = \vec{i}, \ \vec{e}_\theta = \frac{\partial \overrightarrow{M}}{\partial \theta} = r \cdot \vec{j}, \ \vec{e}_z = \frac{\partial \overrightarrow{M}}{\partial z} = \vec{k} \qquad (A.22)$$

Les matrices des contraintes σ(M) **et de déformations** ε(M) :

$$\sigma(M) = \begin{bmatrix} \sigma_{rr} & \sigma_{r\theta} & \sigma_{rz} \\ \sigma_{r\theta} & \sigma_{\theta\theta} & \sigma_{\theta z} \\ \sigma_{rz} & \sigma_{\theta z} & \sigma_{zz} \end{bmatrix} \qquad \varepsilon(M) = \begin{bmatrix} \varepsilon_{rr} & \varepsilon_{r\theta} & \varepsilon_{rz} \\ \varepsilon_{r\theta} & \varepsilon_{\theta\theta} & \varepsilon_{\theta z} \\ \varepsilon_{rz} & \varepsilon_{\theta z} & \varepsilon_{zz} \end{bmatrix} \qquad (A.23)$$

Déplacements : X_r, X_θ, X_z

Vitesses : U_r, U_θ, U_z

Composantes de D (tenseur des taux de déformations) :

$$D_{rr} = \frac{\partial U_r}{\partial r} \qquad (A.24)$$

$$D_{\theta\theta} = \frac{1}{r}\frac{\partial U_\theta}{\partial \theta} + \frac{U_r}{r} \qquad (A.25)$$

$$D_{zz} = \frac{\partial U_z}{\partial z} \qquad (A.26)$$

$$D_{\theta z} = \frac{1}{2}\left(\frac{1}{r}\frac{\partial U_z}{\partial \theta} + \frac{\partial U_\theta}{\partial z}\right) \qquad (A.27)$$

$$D_{zr} = \frac{1}{2}\left(\frac{\partial U_r}{\partial z} + \frac{\partial U_z}{\partial r}\right) \qquad (A.28)$$

$$D_{r\theta} = \frac{1}{2}\left(\frac{\partial U_\theta}{\partial r} - \frac{U_\theta}{r} + \frac{1}{r}\frac{\partial U_r}{\partial \theta}\right) \qquad (A.29)$$

Dilatation volumique :

$$\varepsilon_I = \frac{1}{r}\frac{\partial(rX_r)}{\partial r} + \frac{1}{r}\frac{\partial X_\theta}{\partial \theta} + \frac{\partial X_\theta}{\partial z} \qquad (A.30)$$

Rotation H.P.P. (Hypothèses Petites Perturbations) :

$$2\Phi_r = \frac{1}{r}\frac{\partial X_z}{\partial \theta} - \frac{\partial X_\theta}{\partial z} \qquad (A.31)$$

$$2\Phi_\theta = \frac{\partial X_r}{\partial z} - \frac{\partial X_z}{\partial r} \qquad (A.32)$$

$$2\Phi_z = \frac{1}{r}\frac{\partial(rX_\theta)}{\partial r} - \frac{1}{r}\frac{\partial X_r}{\partial \theta} \tag{A.33}$$

Dérivée particulaire de f(r, θ, z, t) :

$$\frac{df}{dt} = \frac{\partial f}{\partial t} + U_r \frac{\partial f}{\partial r} + \frac{U_\theta}{r}\frac{\partial f}{\partial \theta} + U_z \frac{\partial f}{\partial z} \tag{A.34}$$

Laplacien de f :

$$\Delta f = \frac{1}{r}\frac{\partial}{\partial r}\left(r\frac{\partial f}{\partial r}\right) + \frac{1}{r^2}\frac{\partial^2 f}{\partial \theta^2} + \frac{\partial^2 f}{\partial z^2} \tag{A.35}$$

Élasticité :

a) Équations de l'équilibre :

$$\frac{\partial \sigma_{rr}}{\partial r} + \frac{1}{r}\frac{\partial \tau_{r\theta}}{\partial \theta} + \frac{\partial \tau_{rz}}{\partial z} + \frac{\sigma_{rr} - \sigma_{\theta\theta}}{r} + f_r = 0 \tag{A.36}$$

$$\frac{\partial \tau_{r\theta}}{\partial r} + \frac{1}{r}\frac{\partial \sigma_{\theta\theta}}{\partial \theta} + \frac{\partial \tau_{\theta z}}{\partial z} + \frac{2}{r}\tau_{r\theta} + f_\theta = 0 \tag{A.37}$$

$$\frac{\partial \tau_{rz}}{\partial r} + \frac{1}{r}\frac{\partial \tau_{\theta z}}{\partial \theta} + \frac{\partial \sigma_{zz}}{\partial z} + \frac{\tau_{rz}}{r} + f_z = 0 \tag{A.38}$$

b) Équations de Navier :

$$(\lambda + 2\mu)\frac{\partial \varepsilon_I}{\partial r} - \frac{2\mu}{r}\left[\frac{\partial \Phi_z}{\partial \theta} - \frac{\partial(r\Phi_\theta)}{\partial z}\right] + f_r = 0 \tag{A.39}$$

$$\frac{(\lambda + 2\mu)}{r}\frac{\partial \varepsilon_I}{\partial \theta} - 2\mu\left[\frac{\partial \Phi_r}{\partial z} - \frac{\partial \Phi_z}{\partial r}\right] + f_\theta = 0 \tag{A.40}$$

$$(\lambda + 2\mu)\frac{\partial \varepsilon_I}{\partial z} - \frac{2\mu}{r}\left[\frac{\partial(r\Phi_\theta)}{\partial \theta} - \frac{\partial \Phi_r}{\partial \theta}\right] + f_z = 0 \tag{A.41}$$

ANNEXE 3 - Calcul variationnel

Les méthodes variationnelles sont des méthodes d'approximation. Le point de départ de ces méthodes est un principe variationnel qui est une formulation, mathématique du problème, basée sur des considérations énergétiques. La formulation obtenue dépend du problème physique.

En introduisant l'expression (3.81) dans l'expression (A.42) nous obtenons :

$$\xi_P = \pi \int_0^L \Gamma dz, \tag{A.42}$$

$$\delta \xi_P = \pi \int_0^L \delta \Gamma dz, \tag{A.43}$$

$$\delta\left(\frac{d\sigma_{zz}}{dz}\right) = \frac{d}{dz}(\delta\sigma_{zz}), \tag{A.44}$$

$$\delta\left(\frac{d^2\sigma_{zz}}{dz^2}\right) = \frac{d^2}{dz^2}\delta\sigma_{zz}, \tag{A.45}$$

$$\delta\Gamma = 2A\sigma_{zz}^{(1)}\delta\sigma_{zz}^{(1)} + B\left[\sigma_{zz}^{(1)}\frac{d^2}{dz^2}\left(\delta\sigma_{zz}^{(1)}\right) + \delta\sigma_{zz}^{(1)}\frac{d^2\sigma_{zz}^{(1)}}{dz^2}\right] + 2C\frac{d\sigma_{zz}^{(1)}}{dz}\frac{d}{dz}\left(\delta\sigma_{zz}^{(1)}\right) + \tilde{D}\delta\sigma_{zz}^{(1)} +$$

$$+ \delta\alpha_1 k\sigma_{zz}^{(1)} + 2E\frac{d^2\sigma_{zz}^{(1)}}{dz^2}\frac{d^2}{dz^2}\left(\delta\sigma_{zz}^{(1)}\right) + \tilde{F}\frac{d^2}{dz^2}(\delta\sigma_{zz}^{(1)}) + \delta\alpha_2 h\frac{d^2\sigma_{zz}^{(1)}}{dz^2} + 2m\alpha_1\delta\alpha_1 \tag{A.46}$$

On obtient alors :

$$\delta\xi_P = \int_0^L \underbrace{\left[E\frac{d^4\sigma_{zz}^{(1)}}{dz^4} + (B-C)\frac{d^2\sigma_{zz}^{(1)}}{dz^2} + A\sigma_{zz}^{(1)} + \frac{D}{2} + \frac{\alpha_1 k}{2}\right]}_{(3.48)}\delta\sigma_{zz}^{(1)}dz$$

$$+ \int_0^L \underbrace{\left[k\sigma_{zz}^{(1)} + h\frac{d^2\sigma_{zz}^{(1)}}{dz^2} + 2m\alpha_1\right]}_{(3.49)}\delta\alpha_1 dz \tag{A.47}$$

En écrivant : $\delta\xi_P = 0, \quad \forall\delta\sigma_{zz}^{(1)}, \quad \forall\delta\alpha_1$

$$E\frac{d^4\sigma_{zz}^{(1)}}{dz^4} + (B-C)\frac{d^2\sigma_{zz}^{(1)}}{dz^2} + A\sigma_{zz}^{(1)} + \frac{D}{2} + \frac{\alpha_1 k}{2} = 0 \tag{A.48}$$

$$2m\alpha_1 L + \int_0^L \left[k\sigma_{zz}^{(1)} + h\frac{d^2\sigma_{zz}^{(1)}}{dz^2} \right] dz = 0 \tag{A.49}$$

La relation (A.49) donne avec les conditions aux limites $\frac{d\sigma_{zz}^{(1)}}{dz} = 0$ en $z = 0$ et $z = L$

$$2m\alpha_1 L + \int_0^L \left[k\sigma_{zz}^{(1)} \right] dz = 0 \tag{A.50}$$

L'équation (A.48) est à résoudre avec les conditions aux limites (A.51) et (A.52)

Pour $z = 0$: $\sigma_{zz}^{(1)}(z=0) = q = \dfrac{\left(r_{ic}^2 - r_i^2\right)}{\left(r_e^2 - r_{ec}^2\right)} f$; $\dfrac{d\sigma_{zz}^{(1)}}{dz}(z=0) = 0$ \hfill (A.51)

Pour $z = L$: $\sigma_{zz}^{(1)}(z=L) = 0$; $\dfrac{d\sigma_{zz}^{(1)}}{dz}(z=L) = 0$ \hfill (A.52)

Et la constante α_1 est donnée par les équations (A.49) et (A.50).

ANNEXE 4 - Formules de Green

Première formule de Green :

$$\int_D \left(f \Delta g + \overrightarrow{\text{grad}}\, f \cdot \overrightarrow{\text{grad}}\, g \right) dv = \int_S f \frac{dg}{dn}\, dA \qquad (A.53)$$

Deuxième formule de Green :

$$\int_D \left(f \Delta g + g \Delta f \right) dv = \int_S \left(f \frac{dg}{dn} - g \frac{df}{dn} \right) dA \qquad (A.54)$$

où :

f, g - champs scalaires,

$\frac{df}{dn} = \vec{n} \cdot \overrightarrow{\text{grad}}\, f$ - dérivée de f dans la direction $\vec{n}$ "dérivée normale",

$\frac{dg}{dn} = \vec{n} \cdot \overrightarrow{\text{grad}}\, g$ - dérivée de g dans la direction $\vec{n}$ "dérivée normale",

Δf, Δg - laplacien de f et laplacien de g,

$\overrightarrow{\text{grad}}\, f$, $\overrightarrow{\text{grad}}\, g$ - gradient de f et gradient de g.

ANNEXE 5 - Configuration des assemblages cylindriques analysés

Tableau 7. Configuration des assemblages cylindriques analysés.

N°.	Tube 1	Colle	Tube 2	r_i [mm]	r_{ic} [mm]	r_{ec} [mm]	r_e [mm]	L [mm]	f [MPa]
1.	Titane TA 6V E = 105000 MPa G = 40385 MPa υ = 0.3	Araldite AV 119 E_c = 2700 MPa G_c = 1000 MPa υ_c = 0.35	Titane TA 6V E = 105000 MPa G = 40385 MPa υ = 0.3	10	11	11.1	12.1	50	1
2.	Aluminium AU 4G E = 75000 MPa G = 28846 MPa υ = 0.3		Aluminium AU 4G E = 75000 MPa G = 28846 MPa υ = 0.3	10	11	11.1	12.1	50	1
3.	Acier E = 205000 MPa G = 78846 MPa υ = 0.3		Acier E = 205000 MPa G = 78846 MPa υ = 0.3	10	11	11.1	12.1	50	1
4.	Acier E = 205000 MPa G = 78846 MPa υ = 0.3		Aluminium AU 4G E = 75000 MPa G = 28846 MPa υ = 0.3	10	11	11.1	12.1	50	1
5.	Verre/Epoxyde ± 55° E_x = 11060 MPa E_y = 20820 MPa G_{xy} = 11280 MPa υ = 0.340		Verre/Epoxyde ± 45° E_x = 14470 MPa E_y = 14470 MPa G_{xy} = 12140 MPa υ = 0.508	10	13.3	13.4	16.7	50	1

6.	Carbone/Epoxyde $\pm 55°$ $E_x = 11410$ MPa $E_y = 32600$ MPa $G_{xy} = 32680$ MPa $\upsilon = 0.433$		Carbone/Epoxyde $\pm 45°$ $E_x = 17090$ MPa $E_y = 17090$ MPa $G_{xy} = 36380$ MPa $\upsilon = 0.781$	10	13.3	13.4	16.7	50	1
7.	Verre/Epoxyde $\pm 45°$ $E_x = 14470$ MPa $E_y = 14470$ MPa $G_{xy} = 12140$ MPa $\upsilon = 0.508$		Carbone/Epoxyde $\pm 45°$ $E_x = 17090$ MPa $E_y = 17090$ MPa $G_{xy} = 36380$ MPa $\upsilon = 0.781$	10	13.3	13.4	16.7	50	1
8.	Aluminium AU 4G $E = 75000$ MPa $G = 28846$ MPa $\upsilon = 0.3$		Verre/Epoxyde $\pm 45°$ $E_x = 14470$ MPa $E_y = 14470$ MPa $G_{xy} = 12140$ MPa $\upsilon = 0.508$	10	11	11.1	14.4	50	1
9.	Titane TA 6V e=1 mm $E = 105000$ MPa $G = 40385$ MPa $\upsilon = 0.3$		Carbone/Epoxyde $90°/\pm 17.2°$ $E_x = 60730$ MPa $E_y = 100200$ MPa $G_{xy} = 9356$ MPa $\upsilon = 0.07$	10	11	11.1	17.5755	50	1

ANNEXE 6 - Configuration des assemblages plans analysés

Tableau 8. Configuration des assemblages plans analysés.

N°.	Substrat 1	Colle	Substrat 2	e_1 [mm]	e_c [mm]	e_2 [mm]	L [mm]	F [N/mm]
1.	Titane TA 6V E = 105000 MPa G = 40385 MPa υ = 0.3	Araldite AV 119 E_c = 2700 MPa G_c = 1000 MPa υ_c = 0.35	Titane TA 6V E = 105000 MPa G = 40385 MPa υ = 0.3	2	0.1	2	50	1
2.	Aluminium AU 4G E = 75000 MPa G = 28846 MPa υ = 0.3		Aluminium AU 4G E = 75000 MPa G = 28846 MPa υ = 0.3	2	0.1	2	50	1
3.	Acier E = 205000 MPa G = 78846 MPa υ = 0.3		Acier E = 205000 MPa G = 78846 MPa υ = 0.3	2	0.1	2	50	1
4.	Acier E = 205000 MPa G = 78846 MPa υ = 0.3		Aluminium AU 4G E = 75000 MPa G = 28846 MPa υ = 0.3	2	0.1	2	50	1
5.	Verre/Epoxyde ± 45° E_x = 14470 MPa E_y = 14470 MPa G_{xy} = 12140 MPa υ = 0.508		Verre/Epoxyde ± 45° E_x = 14470 MPa E_y = 14470 MPa G_{xy} = 12140 MPa υ = 0.508	3.3	0.1	3.3	50	1

ANNEXE 7 - Fabrications de plaques composites T2H132/EH25

1. Désignation du fabricant

Le matériau est fourni par le fabricant sous la forme de rouleaux de 300 mm de largeur. Le thermodurcissable T2H/EH25 est fourni par la société EXCEL.

Produit :   EXCEL T2H 132 0300 EH25 N S 35%
Désignation :   NAPPE CARBONNE EPOXY 300 MM

2. Fabrication des plaques

Le thermodurcissable peut être conservé 18 mois à -18°C. Toutes les éprouvettes sont découpées dans des plaques de 300x200 mm². La fabrication des plaques comprend trois étapes :

Le drapage

Il consiste à découper le préimprégné à l'aide d'un cutter, puis à superposer les différentes couches découpées. Le drapage des plis se fait sur un support (plaque d'aluminium). Le drapage du thermodurcissable ne pose aucun problème. Après dépose de son film protecteur, le pli étant collant, il se positionne facilement sur le précédent.

La préparation à la cuisson

Cette étape consiste à la mise en place de la plaque drapée pour y être polymérisée sous presse. La plaque est entourée de films de protection, de films de démoulage et de tissus de drainage absorbant la résine (Figure 80). Le tissu d'arrachage est un tissu permettant de démouler facilement la plaque. Le tissu de drainage est un tissu équilibré de verre, permettant de drainer la résine en excès. Pour des plaques de 1 à 2 mm d'épaisseur on utilisera un tissu de 100 g/m².

La cuisson

Les plaques thermodurcissables sont polymérisées sous presse selon un cycle thermique qui dépend de la résine utilisée Figure 81.

3. Fiche de fabrication

ETUVE	FICHE DE FABRICATION
N : DGM/FAB_E7

GENERALITES

    Opérateur : Frédéric LACHAUD / Ovidiu NEMEŞ

    Responsable technique : Pierre ERIZE et Patrick CHEZE

    Matériau : Carbone/Epoxy

    Référence matériau : UD T2H132 0300/EH25 35%

    Thème de recherches : Identification de la tenue au collage

MAROUFLAGE

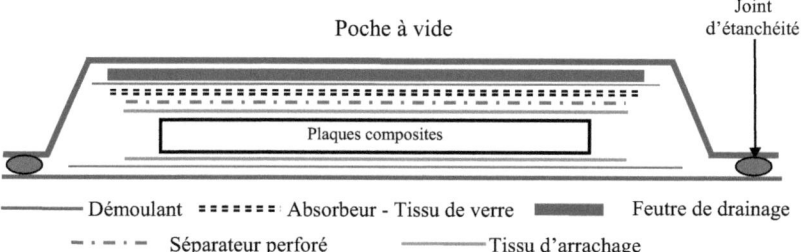

Figure 80. Schéma du montage.

CYCLE DE POLYMERISATION

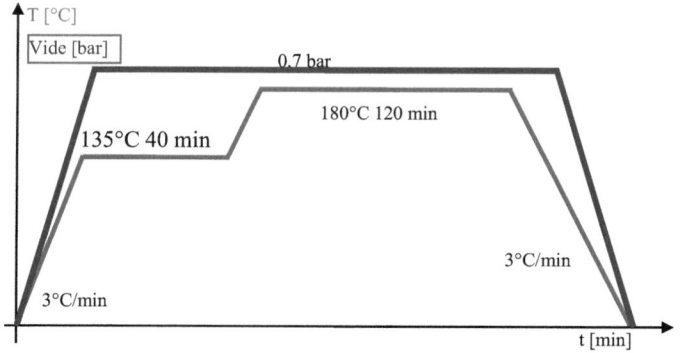

Figure 81. Schéma du cycle de polymérisation.

ANNEXE 8 - *Fabrication des assemblages collés*

Pour réaliser les assemblages collés nous avons utilisé les plaques unidirectionnelles de 16 et 8 plis, réalisées précédemment et des films de colle Redux (annexe 9).

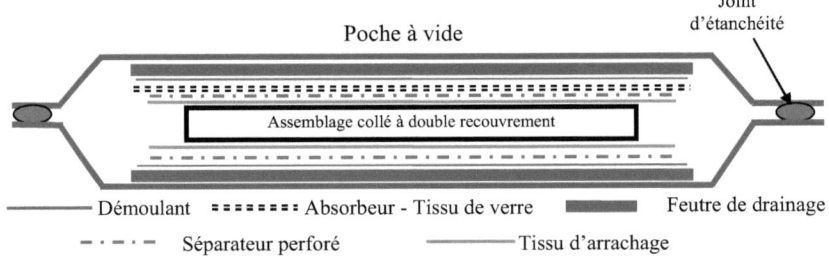

Figure 82. Schéma du montage.

Figure 83. Etapes dans la préparation pour la cuisson.

La cuisson

Les assemblages collés sont polymérisés dans une étuve selon le cycle thermique présenté Figure 81.

ANNEXE 9 - Caractérisation de la colle

Nous avons réalisé une plaque avec 10 couches de film de colle Redux. Les caractéristiques du film de colle, données par le fabricant, sont présentées dans le tableau 6. Pour réaliser la plaque de colle nous avons suivi les mêmes étapes que celles présentées dans l'annexe 7. Après la polymérisation de la plaque nous avons découpé des éprouvettes avec les dimensions 200x20x1,98 mm.

Les essais en traction sont réalisés à l'aide d'une machine INSTRON 8862 (figure 62). Le chargement est réalisé à déplacement imposé à la vitesse de 0,5 mm/min. Sur certains essais nous avons réalisé des montées en charges cycliques (4 à 5 cycles). L'acquisition du déplacement, de l'effort et des déformations est réalisée par une chaîne d'acquisition NICOLET-GOULD.

Tableau 9. Fiche caractéristique du film de colle.

HEXCEL COMPOSITES Duxford Cambridge CB2 4QD England			Product Type: Batch No.: Primes Type: Batch No.:	Redux 312/5 054917A Redux 112 V051196
		ADHESIVE TEST REPORT		
Specification IFS 201-216			Test No.:	17845
		Lap shear strength (MPa)		
		22 °C	80° C	
		37.9	29.4	
		40.3	27.4	
		38.6	29.5	
		37.8	28.8	
		39.5		
	Mean	38.8 MPa	28.8 MPa	
	Min Ind.	37.8 MPa	27.4 MPa	
Requirements –				
	Mean	35.0 MPa	28.0 MPa	
	Min Ind.	32.0 MPa	25.0 MPa	

Après les essais nous avons obtenu les caractéristiques mécaniques données Tableau 10. La figure 73 montre le comportement plastique de la colle.

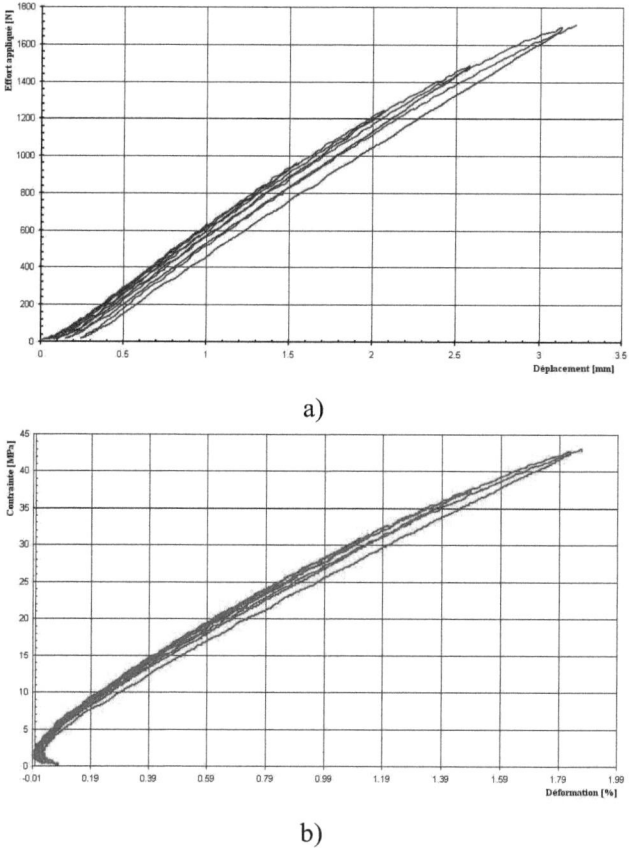

a)

b)

Figure 84. Comportement de la colle en traction : a) effort appliqué – déplacement ; b) contrainte appliqué - déformation.

Tableau 10. Résultats obtenus par essai.

	$F_R^{(c)}$ [N]	$\sigma_{xx\,max}^{(c)}$ [MPa]	E_c [MPa]
1.	1730.47514	43.2618786	2014.07580
2.	2642.60815	44.7899687	2648.54446
3.	1708.61762	43.1469095	2750.00250

LISTE DES FIGURES

Page

Figure 1. *Contraintes dans l'adhésif selon Gilibert et Rigolot.* 14
Figure 2. *Coupe longitudinale d'un assemblage tubulaire en traction, [28].* 16
Figure 3. *Principales configurations des assemblages collés.* 19
Figure 4. *La distribution des efforts dans l'adhésif.* 20
Figure 5. *Corps en équilibre.* 24
Figure 6. *Schéma de l'assemblage collé.* 37
Figure 7. *Equilibre d'une section élémentaire du tube intérieur,* $r \in [r_i, r_{ic}]$. 40
Figure 8. *Equilibre d'une section élémentaire du tube de colle,* $r \in [r_{ic}, r_{ec}]$. 41
Figure 9. *Equilibre d'une section élémentaire du tube extérieur,* $r \in [r_{ec}, r_e]$. 42
Figure 10. *Définition de l'effort de traction.* 45
Figure 11. *La distribution des contraintes dans l'assemblage TA 6V-AV 119-TA 6V.* 46
Figure 12. *La distribution des contraintes dans l'assemblage AU 4G-AV 119-AU 4G.* 47
Figure 13. *La distribution des contraintes dans l'assemblage Acier-AV 119-Acier.* 47
Figure 14. *La distribution des contraintes dans l'assemblage Acier-AV 119-AU 4G.* 48
Figure 15. *La distribution des contraintes dans l'assemblage VE ±55°-AV 119-VE ±45°.* 48
Figure 16. *La distribution des contraintes dans l'assemblage CE ±55°-AV 119-CE ±45°.* 49
Figure 17. *La distribution des contraintes dans l'assemblage VE ±45°-AV 119-CE ±45°.* 49
Figure 18. *La distribution des contraintes dans l'assemblage AU 4G-AV 119-VE ±45°.* 50
Figure 19. *La distribution des contraintes dans l'assemblage TA 6V-AV 119-CE 90°/ ±17.2°.* 50
Figure 20. *La distribution de $\tau_{rz\,max}$ en fonction de la longueur de recouvrement (f = 1 MPa).* 51
Figure 21. *Variation de τ_{rz} en fonction de la longueur de recouvrement pour f = 1 MPa,* 52
Figure 22. *Variation de τ_{rz} en fonction de la longueur de recouvrement pour f = 1 MPa,* 53
Figure 23. *Variation de la contrainte de cisaillement (τ_{rz}) en fonction du module élastique de la colle :*
E_c = 2700 MPa, E_c = 3500 MPa, E_c = 4500 MPa pour un assemblage AU 4G-Colle-AU 4G. 54
Figure 24. *Variation de la contrainte de cisaillement (τ_{rz}) en fonction de la rigidité relative :* 55
Figure 25. *Variation de la contrainte de cisaillement (τ_{rz}) en fonction de l'épaisseur de colle :* 56
Figure 26. *Variation de la contrainte orthoradiale ($\sigma_{\theta\theta}$) en fonction de l'épaisseur de colle :* 56
Figure 27. *Variation de KT en fonction de la longueur de recouvrement pour* 58
Figure 28. *Définitions géométrique et matérielle du joint tubulaire.* 59
Figure 29. *Variation de σ_{rr} dans l'assemblage cylindrique.* 60

Figure 30. *Equilibre d'une section élémentaire du tube intérieur,* $r \in [r_i, r_{ic}]$. 61

Figure 31. *Equilibre d'une section élémentaire du tube de colle,* $r \in [r_{ic}, r_{ec}]$. 62

Figure 32. *Equilibre d'une section élémentaire du tube extérieur,* $r \in [r_{ec}, r_e]$. 63

Figure 33. *La distribution de la contrainte de cisaillement (τ_{rz}) dans l'assemblage (f = 1 MPa) :* 67

Figure 34. *La distribution de la contrainte de cisaillement (τ_{rz}) dans la colle par les deux modèles analytiques (f = 1 MPa).* 68

Figure 35. *La distribution de la contrainte orthoradiale ($\sigma_{\theta\theta}$) dans l'assemblage (f = 1 MPa) :* 68

Figure 36. *La distribution de la contrainte orthoradiale ($\sigma_{\theta\theta}$) par les deux modèles analytiques (f = 1 MPa) : a) Tube 1 ; b) Tube 2 ; c) Colle.* 69

Figure 37. *Collage plan à double recouvrement.* 72

Figure 38. *Définition géométrique et matérielle du joint à double recouvrement.* 72

Figure 39. *Flux des efforts de traction.* 79

Figure 40. *La distribution des contraintes dans la colle d'un assemblage TA 6V-AV 119-TA 6V.* 80

Figure 41. *La distribution des contraintes dans la colle d'un assemblage AU 4G-AV 119-AU 4G.* 80

Figure 42. *La distribution des contraintes dans la colle d'un assemblage Acier-AV 119-Acier.* 81

Figure 43. *La distribution des contraintes dans la colle d'un assemblage Acier-AV 119-AU 4G.* 81

Figure 44. *La distribution des contraintes dans la colle d'un assemblage VE ±45°-AV 119-VE ±45°.* 82

Figure 45. *La longueur de recouvrement pour laquelle nous* 83

Figure 46. *Variation de τ_{xy} dans la colle en fonction de la longueur de recouvrement* 84

Figure 47. *Variation de la contrainte de cisaillement (-τ_{xy}) dans la colle en fonction du module* 85

Figure 48. *Variation de la contrainte de cisaillement (-τ_{xy}) dans la colle en fonction de la rigidité relative : $E_2/E_1 = 0.5$; $E_2/E_1 = 1$; $E_2/E_1 = 2$.* 85

Figure 49. *Variation de la contrainte de cisaillement (-τ_{xy}) en fonction de l'épaisseur de colle :* 86

Figure 50. *Variation de la contrainte orthoradiale (σ_{yy}) en fonction de l'épaisseur de colle :* 87

Figure 51. *Variation de KT en fonction de la longueur de recouvrement pour* 88

Figure 52. *Schéma (CAO) de l'assemblage collé cylindrique.* 95

Figure 53. *Schéma (CAO) de l'assemblage collé à double recouvrement.* 95

Figure 54. *Modélisation numérique du collage cylindrique avec des éléments quadrangles.* 96

Figure 55. *Modélisation numérique du collage plan avec des éléments d'interface.* 97

Figure 56. *Distribution des contraintes dans l'assemblage plan modélisé avec des éléments quadrangles pour f = 1000 MPa : a) de pelage (σ_{yy}) ; b) de cisaillement (τ_{xy}).* 98

Figure 57. *Distribution des contraintes dans l'assemblage plan modélisé avec des éléments d'interface pour f = 1000 MPa : a) de pelage (σ_{yy}) ; b) de cisaillement (τ_{xy}).* 98

Figure 58. *Distribution des contraintes dans la colle d'un assemblage plan modélisé avec des éléments d'interface et quadrangles pour f = 1000 MPa : a) de pelage (σ_{yy}) ; b) de cisaillement (τ_{xy}).* 99

Figure 59. *Déplacements dans l'assemblage sollicité en traction.* 100

Figure 60. *Déplacement maximal dans un assemblage métallique pour f = 1000 MPa* 101

Figure 61. *Déplacement maximal dans un assemblage composite pour f = 1000 MPa* 102

Figure 62. *Les variations des contraintes axiales dans les deux substrats,* 105

Figure 63. *Les variations des contraintes axiales dans les deux tubes,* 105

Figure 64. *Distribution des contraintes dans la couche de colle d'un assemblage plan* 106

Figure 65. *Distribution des contraintes dans la couche de colle d'un assemblage cylindrique* 107

Figure 66. *Assemblages sollicités en traction : a) composite CE 0°; b) métallique - Aluminium* 109

Figure 67. *Épaisseur de la colle dans l'assemblage collé.* 110

Figure 68. *Schéma de l'instrumentation.* 111

Figure 69. *Efforts et contraintes appliqués sur les assemblages composites :* 112

Figure 70. *Efforts et contraintes appliqués sur les assemblages métalliques :* 113

Figure 71. *Aspect des surfaces collées après essais. Assemblages métalliques collés.* 115

Figure 72. *Aspect des surfaces collées après essais. Assemblages composites collés.* 116

Figure 73. *Déformations dans l'assemblages collés : a) numérique ; b) essai.* 117

Figure 74. *Schéma (CAO) de l'éprouvette utilisée pour les essais en traction.* 118

Figure 75. *Modélisation numérique de l'assemblage collé.* 118

Figure 76. *Déplacement maximal fonction de la longueur de recouvrement de l'assemblage collé en aluminium.* 120

Figure 77. *Déplacement maximal fonction de la longueur de recouvrement de l'assemblage collé en composite.* 121

Figure 78. *Evolution de l'effort à la rupture en fonction de la longueur de recouvrement :* 122

Figure 79. *Coordonnées cylindriques ou semi-polaires.* 137

Figure 80. *Schéma du montage.* 150

Figure 81. *Schéma du cycle de polymérisation.* 150

Figure 82. *Schéma du montage.* 151

Figure 83. *Etapes dans la préparation pour la cuisson.* 151

Figure 84. *Comportement de la colle en traction :* 154

LISTE DES TABLEAUX

Page

Tableau 1. Tableau comparatif des champs de contraintes. 60
Tableau 2. Configuration de l'assemblage analysé. 66
Tableau 3. Temps CPU en fonction des éléments utilisés. 99
Tableau 4. Déplacement maximal dans l'assemblage. 103
Tableau 5. Caractéristiques d'un assemblage métallique-composite. 104
Tableau 6. Résultats expérimentaux. 114
Tableau 7. Configuration des assemblages cylindriques analysés. 145
Tableau 8. Configuration des assemblages plans analysés. 147
Tableau 9. Fiche caractéristique du film de colle. 153
Tableau 10. Résultats obtenus par essai. 154

Oui, je veux morebooks!

i want morebooks!

Buy your books fast and straightforward online - at one of world's fastest growing online book stores! Environmentally sound due to Print-on-Demand technologies.

Buy your books online at
www.get-morebooks.com

Achetez vos livres en ligne, vite et bien, sur l'une des librairies en ligne les plus performantes au monde!
En protégeant nos ressources et notre environnement grâce à l'impression à la demande.

La librairie en ligne pour acheter plus vite
www.morebooks.fr

VDM Verlagsservicegesellschaft mbH
Heinrich-Böcking-Str. 6-8
D - 66121 Saarbrücken

Telefon: +49 681 3720 174
Telefax: +49 681 3720 1749

info@vdm-vsg.de
www.vdm-vsg.de

Printed by Books on Demand GmbH, Norderstedt / Germany